花椒栽培与开发应用

王文君　任媛媛　王　念　主编

黄河水利出版社
·郑州·

图书在版编目(CIP)数据

花椒栽培与开发应用/王文君,任媛媛,王念主编
. —郑州:黄河水利出版社,2022.10
ISBN 978-7-5509-3378-1

Ⅰ. ①花… Ⅱ. ①王… ②任… ③王… Ⅲ. ①花椒-
栽培技术 Ⅳ. ①S573

中国版本图书馆 CIP 数据核字(2022)第 166001 号

策划编辑:杨雯惠　电话:0371-66020903　E-mail:yangwenhui923@163.com

出　版　社:黄河水利出版社　　　　　　　　　　网址:www.yrcp.com

　　　　　地址:河南省郑州市顺河路黄委会综合楼14层　　邮政编码:450003

发行单位:黄河水利出版社

　　　　　发行部电话:0371-66026940、66020550、66028024、66022620(传真)

　　　　　E-mail:hhslcbs@126.com

承印单位:广东虎彩云印刷有限公司

开本:787 mm×1 092 mm　1/16

印张:11.5

字数:200 千字

版次:2022 年 10 月第 1 版　　　　　　　　　印次:2022 年 10 月第 1 次印刷

定价:56.00 元

《花椒栽培与开发应用》
编委会

主　编　王文君　　任媛媛　　王　念

副主编　翟晓巧　　侯志华　　翟翠娟

编　委　董玉山　　穆造林　　王建苗

　　　　王星斗　　田　丽　　李俊伟

前　言

　　花椒在中国分布十分广泛,从东北南部地区到西南北部地区,从东南沿海地带到西藏东南地区皆有分布。河南省的西北部山区及沿黄周边市、县为花椒主产区,南部山区有零星分布。花椒最早多为农村房前屋后自用栽培及药用性花椒栽培,规模小、产量低。随着花椒市场化发展及脱贫攻坚政策的扶持,豫西丘陵山区利用自身的有利地形和气候条件,大力发展花椒产业,逐渐形成了颇具规模的产业集群,是河南省花椒种植的主产区。经过本书编委会前期调查统计,河南省花椒主产区总种植面积为104万亩,其中3年及3年生以下花椒种植面积为48万亩,约占总面积的46%,进入结果期的4年及4年生以上花椒种植面积为56万亩,约占总面积的54%。花椒种植面积最大的地市为三门峡,达到了51万亩;其次为洛阳和平顶山。但河南省的花椒产量及产值与我国花椒发展较强的几个省份相比,仍有较大差距。没有形成独立的自主品牌,缺乏市场竞争力,河南省的大多数加工企业以粗加工为主,花椒产品大多以干花椒为原料,或加工成粉末或与其他调料稍加调配,深加工企业少,大量的花椒被外地收购商低价收购,致使省内的花椒成了省外企业的廉价原料。

　　花椒树一般栽后2年开始挂果,3年即有收益,后期挂果增加,5~7年进入盛果期,盛果期年限为10~15年,长的可达到20~30年。花椒移栽定植后的前3年是幼龄期,也是树体修剪的关键期,是保证花椒后期高产、稳产、优产的基础。大部分椒农在花椒发展中只是盲目注重数量和面积,从栽培到管理都没有充分重视,主要依据的是代代相传的经验及自身的摸索,综合管理水平低,整地、栽植、施肥、修剪、病虫害防治等栽培管理体系不健全,集约化、专业化生产程度较低,缺乏科学性与严谨性,使花椒树刚步入盛果期就出现树势衰退的现象,大大缩短了花椒盛果期和结果寿命,致使产量低、品质差。近年来,河南花椒市场逐步扩大,价格不断上升,理应成为产业发展的一个契机,但由于缺少科学、规范的栽培管理技术,严重制约了花椒整体品质的提升,阻碍了椒农的种植积极性和花椒产业的进一步发展。

　　为此,我们整理出一套完整的花椒栽培管理技术,包括整地、栽植、土水肥管理、修剪整枝和病虫害防治等方面的实用技术,以规范管理标准,提高椒农的整体科技素质,提高花椒产量和质量,加快花椒生产的产业化进程,实现花椒生产规模化、标准化,进而带动当地相关产业发展,形成自主品牌,增加农民收入,增强市场竞争力,振兴当地乡村经济,充分发挥花椒产业的社会效益、生态效益和经济效益。

在国家大力扶持花椒产业发展之际,本书以如何提高产量和品质有机统一为目标,本着理论与实践相结合、科学性与实用性相结合的原则,结合国家政策及当前花椒产业发展的现状,用通俗易懂的语言,从花椒生物学和生态学特性,从史料看花椒起源,国内现有的花椒优良品种、花椒育苗技术、栽植技术、整形修枝管理技术、病虫害防治技术,以及国内研究现状等方面做了详细叙述,并介绍了河南花椒产业的现状、存在的问题及发展前景展望。本书不仅可以作为科研单位、生产单位工作者的参考书,还特别适合正在发展花椒产业的企业、合作社和椒农借鉴,对河南花椒产业健康发展起到促进作用。

本书在写作过程中引用了大量的文献资料、科研成果和数据,在此向文献作者们表示衷心的感谢。

本书的出版得到了河南省科技兴林项目"无刺花椒引种栽培生长特性研究"(221412103)、河南省科技兴林项目"特色经济林核桃、花椒优异种质挖掘及示范"(221412207)、河南省财政林业项目"花椒种质资源收集与保存"(221012120)、河南省林业科学研究院基本科研业务费项目"河南花椒风味研究"(210612136)的联合资助。

由于作者水平有限,书中难免存在缺点和不足之处,诚望广大读者批评指正,以便进一步修改和补充,在此深表感谢。

作者

2022 年 6 月

目　录

第一章　花椒的植物学特性

第一节　花椒的形态特征及生长特性

一、根系

花椒为浅根性树种,主根不明显,侧根较发达,大树水平扩展可延伸到树冠径的2倍多。盛果期以前根系多集中分布在树冠投影以内,进入盛果期后根系多分布在树冠投影以外。花椒的主根由种子的胚根发育而成,一般只有20~40 cm长,在主根上着生侧根,侧根再不断分级,形成侧根纵横交织的庞大根系网络。随树龄增加,侧根不断加粗向四周伸展,构成了花椒根系的骨架。

花椒的须根十分发达,须根是在骨干根发出的细根上再多次分生而成的,直径一般在0.5~1.0 mm,由于多次分叉,垂直与水平分布交错,形成了密集的网络状。吸收根较细且短,趋肥趋水性强,是吸收无机养分的主体。

花椒根系的垂直根不发达且分布浅,水平根发达且延伸远。根系入土深度受土层厚度、土壤理化性状影响较大。在土壤疏松、通气良好、水分充足时,垂直根可以分布较深,最深可达1.5 m,但一般仅分布在40~60 cm的土层中;须根则分布在10~40 cm的土层内,可占到根系总量的60%以上。

花椒根系没有明显的自然休眠,但受温度限制,生长表现为一定的周期性。春季当地温达到5 ℃以上时,根系开始生长,落叶后,当地温降到5 ℃以下时,根系呈休眠状态。

二、芽

花椒的芽是发枝生叶、形成营养器官和开花结果的基础。花椒的芽属再生腋芽,为混合型芽,无明显花芽与叶芽之分。在幼树期,生长旺盛的一年生枝上,多为叶芽;进入结果期后,在发育完全的一年生枝上,根据其形态和最后长出的果实,可分为混合芽、营养芽和潜伏芽。除潜伏芽外,其他芽分化期一般从5月下旬至6月上旬开始,一直可分化到翌年发芽前。3月下旬至4月上旬,当气温达到10~20 ℃时,芽开始萌发。从第一个芽萌发到全部芽萌发出叶,需 15 d 左右。此期易受低温、晚霜为害。

1. 混合芽

混合芽又称花芽,是芽内包含花器和雏梢的原始体。无论是顶芽、假芽还是枝条上部的侧芽,只要发育饱满、体积大,一般都能开花。着生在枝条顶端的花芽叫顶芽,形成的花芽充实,花量大,果序也大;着生在叶腋间的花芽叫腋花芽,果序次之;着生在老枝、弱枝、果苔副梢上的花芽不充实,开花少,坐果差。开花过程是春季萌芽后,先抽生一段新梢(也叫结果枝),在新梢顶端抽生花序,并开花结果。混合芽的芽体为圆形,被一对鳞片包裹,发育充实的混合芽,芽径宽 1.5~2.0 mm。一般生长健壮的果枝上部 2~4 芽都为混合芽。

2. 营养芽

营养芽又称叶芽,是芽体内含有枝柄的原始体,萌发后形成发育枝或结果枝。叶芽的着生部位在当年抽生的壮发育枝、徒长枝、萌枝上,除基部潜伏芽外,多为叶芽。叶芽随枝龄变化多转为混合芽。潜伏芽寿命可长达 10 年之久。根据叶芽质量的好坏、着生部位和方位,可进行整形工作,利用潜伏芽可进行衰老枝组更新和骨架枝的更新。

3. 潜伏芽

潜伏芽又叫隐芽、休眠芽,从发育性质上看也属叶芽的一种,发育较差,芽体瘦小,着生在发育枝、徒长枝、结果枝的下部。一般情况下,潜伏芽不萌发生枝,随枝条的生长被夹埋在树皮内,呈潜伏状态,潜伏寿命很长,只有当受到修剪刺激或进入衰老期后,可萌发形成较强壮的徒长枝。

三、枝

花椒为落叶灌木或小乔木,高 3~7 m,茎干通常有增大皮刺;枝灰色或褐灰色,有细小的皮孔及略斜向上生的皮刺;当年生小枝被短柔毛,小枝上的刺基部宽而扁且为长三角形。花椒树按枝条的性质可分为发育枝、徒长枝和结果枝。发育枝长度在 20~50 cm,徒长枝长度在 50~100 cm,结果枝新梢一年只有一次生长高峰(4 月下旬至 5 月上旬),生长长度为 2~5 cm。

1. 发育枝

发育枝(也叫营养枝)指只发枝叶而不开花结果的枝条,由上年的叶芽发育而成。发育枝是扩大树冠、形成结果枝组的基础,发育枝有长、中、短之分,一般划分标准是:长枝>30 cm、中枝 15~30 cm、短枝<15 cm。初果发育枝主要在外围,承担各级骨干枝扩大、树体有机养分制造的任务,进入盛果期后发育枝多为短枝,且数量少,易转化为结果母枝。进入结果盛期的树,发育枝也

可抽枝结果。

2. 徒长枝

徒长枝也属营养枝,是由多年生潜伏芽从主干或主枝上抽生的旺长枝,也可以是从树干、主枝的剪锯口或受伤部位萌发的旺长枝条。徒长枝长势旺盛,比较粗壮、直立,无明显春、秋梢分界,其长度多在50~100 cm。徒长枝组织不充实,冬季易抽干。徒长枝多着生在树冠内膛,大量着生时会导致树形紊乱,树冠内部恶化,与正常生长枝、结果枝、果实争肥争水。故对正常结果树上的徒长枝要及时疏除,但对于衰老树,可以合理利用徒长枝进行枝组更新或培养成为新的主侧枝以改造树冠。

3. 结果枝

顶端着生果穗的枝叫结果枝。结果枝一般由混合芽萌发而成。结果枝按长度可分为长果枝(>5 cm)、中果枝(2~5 cm)、短果枝(<2 cm)。进入盛果期后,树冠内大多数新梢为结果枝,结果后先端及其以上1~2个芽仍然可形成混合芽,转化为翌年的结果母枝。花椒的坐果情况与结果枝的长度和粗度有关。

四、叶

花椒叶互生,奇数羽状复叶,也有偶数羽状复叶的,但占比较小。奇数羽状复叶多数为3~11片,偶数羽状复叶多数为4~12片。小叶5~11片,稀单叶或3小叶,小叶互生或对生。叶大小从35 cm×30 cm到5 mm×4 mm不等;叶形常为卵状或椭圆形,稀披针形,位于叶轴顶部的较大;先端渐尖或钝或微凹,基部近圆形,无柄或近无柄,长1.5~7.0 cm,宽1~3.0 cm,表面中脉基部两侧常被一簇褐色长柔毛,无针刺;叶缘全缘或者在叶缘有小裂齿,齿缝处常有较大油点,其余无或散生肉眼可见的油点;叶背基部中脉两侧有丛毛或小叶两面均被柔毛,中脉在叶面微凹陷,叶背干后常有红褐色斑纹。叶脉全部属于曲行叶脉类型中的弓形叶脉;二级脉有不分支和分支两种类型;叶齿具腺体或无腺体。

叶片形成的早晚、叶片面积的大小、叶片的厚度与光合作用功能的强弱密切相关。小叶的大小、形状、颜色因品种、树龄而有差别。同一品种则取决于营养状况。

五、花

花椒的花序为聚伞圆锥花序,顶生或生于侧枝之顶,花序由花序梗、花序轴、花蕾组成。花序中的轴叫花序轴,其上可着生二级、三级轴。有的花序还有副花序。花序由单花组成,单花为不完全花。发育良好的花序一般长 3~5 cm,着生花朵 50~150 朵,最大可达到长 7 cm 以上,花朵 20 朵以上。

花序轴及花序梗密被短柔毛或无毛;花被片两轮排列,外轮为萼片,内轮为花瓣,二者颜色有差异,数目均为 4~8 片,花白色或淡黄色或黄绿色,形状及大小大致相同。栽培花椒未找到雄株,未见有雄花形成。野生花椒雌雄异株。雄花通常具 5~7 个雄蕊;雌花的离生心皮多为 3~4 个,子房无柄,开花时花柱外弯;花期 4~5 月。一般只有一个子房能发育成果实。子房内含 2 个具双珠被、厚珠心的倒生胚珠,通常仅一个胚珠能发育成种子。

栽培花椒与野生花椒的胚囊发育类型属蓼型,成熟胚囊的卵器退化。栽培花椒无雄花,不发生双受精,自发形成胚乳并产生珠心胚。野生花椒虽有正常花粉,人工授粉后能萌发,但在花粉管长入胚囊之前卵器已解体,中央细胞中已形成胚乳游离核,因此不发生双受精,由珠心细胞自发形成胚。这种现象是花椒和野生花椒在长期进化过程中形成的一种特化。

西北农林科技大学林学院魏安智教授团队通过细胞学观察、分子标记及倍性鉴定等手段,揭示并证明了花椒具有无融合生殖特性。无融合生殖是一种不需要雌雄配子结合而直接由母本产生后代的生殖方式。这种生殖方式决定了母本与后代具有相同的遗传物质,能极大地保留母本的优良性状,同时使原先难以大规模制种的杂交作物商业化生产成为可能,从而大幅度拓宽杂交优势的利用范围,在农业育种中具有重要的应用价值。

六、果

蓇葖果多单生,果球形,单个分果瓣径 4~5 mm,1~4 粒轮生于基座,表面密生疣状突起的腺点,顶端有很短的芒尖或无,中间纵向有一条不太明显的缝合线,成熟的果实晒干后,沿缝合线裂开;果皮两层,外果皮棕红色或紫红色,内果皮淡黄色或黄色;种皮黑色,含有油脂和蜡质层,种子长 3.5~4.5 mm。香气浓,味麻而持久。果期 7~9 月或 10 月。

果实的发育期一般早熟品种为 80~90 d,晚熟品种为 80~120 d。果实的整个生长发育期为 4 个月左右,过程可分为 5 个时期。

1. 坐果期

雌花授粉 6~10 d 后,子房开始膨大,幼果形成至 5 月中旬,生理坐果结束,时间约 30 d,正常坐果率为 40%~50%。

2.果实膨大期

果实膨大期指 5 月下旬至 6 月上旬果实迅速膨大的一段时期。此期持续40~50 d,生理落果基本停止,果实外形长到最大。

3.缓慢生长期

6 月上旬果实基本长成,但果皮继续增厚,种子继续成熟,总质量增大。

4.着色期

7 月上旬至 8 月中旬,果实外形生长停止,干物质迅速积累,果实由青转黄,至黄红,进而形成红色,最后变成深红色。同时,种子变成黑褐色,种壳变硬,种仁由半透明糊状变成白色。此期 30~40 d。

5.成熟期

外果皮呈红色或紫红色,疣状物突起明显,果实有光泽、油亮,少数果皮开裂,果实完全成熟。一般达到充分成熟度一周左右就应采收。

花椒一年中有两次落果,第一次是由于花椒花量过大、坐果多、养分不足和生理失调引起的大量"生理落果",时间一般在 5 月下旬到 6 月初,所以也称"五月落果"。第二次在 7 月上旬,此时果实已经长大,由于营养竞争,部分果实提前着色,变红后脱落。这次落果率较小,幼树和生长健壮的树落果更少。造成落果的因素很多,主要与花序质量和树体营养供给分配有关。在天气特别干旱的年份,由于新梢和果实之间争水,落果量很大,甚至直接导致当年减产。这种竞争也表现在无机盐养分的供给上。

第二节　花椒的生物学特性

花椒的整个生长发育需要经历营养生长期、初果期、盛果期、衰老期 4 个阶段,正常的寿命可达到 40 年左右。

一、营养生长期

花椒从出苗、移栽到开始开花结果之前的这一段时期叫营养生长期。营养生长期一般为 2~3 年。

此期特点:以顶芽的单轴生长为主,主侧枝角度小,分枝少,营养生长旺盛;根系和地上部分迅速扩大,加快构建树体骨架。

此期的管理任务:加强肥水管理,促进生长,加快树冠扩大。同时,进行合理整形,调节干枝间的生长势,合理配置各级结果枝组,使其构成完整、合理的树体结构,为进一步扩大树冠和早产、丰产打下基础。

二、初果期

从开花结果到大量结果的这一段时期叫初果期。初果期约从第三年到第八年。

此期特点:前期生长依然旺盛,分枝大量增加,骨干枝条向四周不断延伸,树冠迅速扩大,是树冠的形成和迅速扩张时期。到后期,骨干枝延伸缓慢,分枝量和分枝级数增加。花果量增加,结果量逐渐递增。结果特点是:初期多以长、中果枝结果,随后中、短果枝上果量增多,结果的主要部位也由内膛向外围扩展。结果初期的果穗和果粒大,坐果率高,色泽鲜艳。

此期的管理任务:尽快完成各级骨干枝的配备,多培育侧枝及结果枝组,为果树获取高产奠定基础。

三、盛果期

从开始大量结果到树体衰老以前的这一段时期叫盛果期,也叫结果盛期。此期一般可持续15~25年。

此期特点:大量结果,产量、质量均达到最高峰,根系和树冠的扩展范围都已达到最大限度,树姿开张,树体生长逐渐减弱,骨干枝的增长速度减缓。后期,骨干枝上光照不良部位的结果枝组出现干枯死亡现象,花序坐果率下降。

此期的管理任务:盛果期是花椒栽培的最大效益获得期,因此该期栽培上的主要任务是稳定树势,防止大小年结果现象的发生;推迟衰老期,延长盛果期,保证连年稳产高产;由于该期大量结实,营养物质消耗较大,因此应适时浇水、施肥,加强修剪,防治病虫害。

四、衰老期

从树体开始衰老到死亡的这一段时期叫衰老期。一般情况下树龄20~30年后开始进入衰老期,衰老初期树体主要表现为抽生新梢能力逐渐减弱,枝干根系逐步老化,内膛和背下结果枝条开始枯死,主侧枝尖端枝梢有枯死现象,结果枝细弱短小,内膛萌发大量细弱长枝,产量不断下降。

此期的管理任务:加强肥水管理,做好树体保护,延缓树体衰老。同时,应充分利用内膛徒长枝,有计划地进行局部更新,保证获得一定的产量。

第三节　花椒的生态学特性

生态学特性是指植物种类对外界环境要求的特性,是植物各类生物学特性的一个方面。

一、温度

花椒是喜温性树种,在整个生长过程中需要较高的温度,不耐严寒。适合生长于年平均气温大于 10 ℃、绝对温度不低于−25 ℃的温度环境下,且无霜期要超过 150 d,最适宜温度在 10~15 ℃的地区栽培。在年均温度低于 10 ℃的地区,虽然也有栽培,但常有冻害发生。花椒休眠期幼枝能耐−18 ℃低温,大树能耐−20 ℃低温。因此,冬季极端温度低于−18 ℃或−20 ℃时,花椒幼树或大树有可能会受冻害。

花椒树根系没有明显的自然休眠,但受温度限制,生长表现为一定的周期性。春季当地温达到 5 ℃以上时,根系开始生长;落叶后,当地温降到 5 ℃以下时,根系呈休眠状态。平均气温稳定在 6 ℃以上时,芽开始萌动;日平均气温达到 10 ℃左右时,开始抽梢。花椒花期适宜的日平均温度为 16~18 ℃,果实发育适宜的日平均温度为 20~25 ℃。春季气温的高低对花椒产量影响较大,特别是春季常发生的"晚霜""倒春寒"会造成花器受冻,果实大量减产。不规律的冬季低温(低于−20 ℃),会导致发育不充实的花椒抽干死亡。生长发育期间需要较高温度,但不可过高,否则会抑制花椒生长且影响品质。

二、光照

花椒是强阳性树种,要求全年日照时数不少于 1 800 h,生长期日照时数不少于 1 200 h。在花椒生长发育过程中,光照充足,则生长健壮、坐果率高、产量高、着色良好、品质好;在荫蔽条件下,则枝条生长细弱、分枝少、挂果少、病虫多、产量低、品质下降,有时还会产生霉变。

三、水分

花椒较耐干旱而不耐涝。一般在年降水量 600 mm 的地区,花椒生长良好,大量结实。短期积水或洪水冲淤淹没过久,可能会使花椒树死亡。一般年降水量在 500 mm 以下的地区,只要在萌芽和坐果后土壤水分供应充足,就能满足花椒生长结果的需要。

由于花椒垂直根系分布较浅,严重干旱也会使其生长不良、落果严重、产量低。虽然花椒对水分需求不大,但是对水分的要求相对集中在生育期内,特别是生长的前期和中期,此时降水的集中程度会对花椒产量、品质造成影响。花椒在营养生长转为生殖生长阶段,对水分要求十分敏感,需水量较多。在一定范围内,降水增多和产量增加呈正相关,如果水分过多,易发生病虫害,且湿度过大会造成热量减少,不利于花椒生长与果实的膨大成熟。

四、土壤

花椒对土壤的适应性很强,在深厚、湿润的沙质壤土、石灰质丘陵山地钙质壤土上生长良好;在比较贫瘠的酸性或微酸性土壤上都能生长;在黏重土上生长不良。

花椒最适宜 pH 6.5~8.0 的土壤,但以 pH 7.0~7.5 者生长和结果最好。花椒根系主要分布在 60 cm 土层内,一般翻耕深度为 15~20 cm,土壤厚度在 80 cm 左右即可基本满足花椒的生长。但土层越深越有利于花椒的根系生长,如果土层过浅,特别是干旱山地会限制和影响根系的生长,使树体矮小、早衰,导致减产、品质降低。

五、地形地势

地形中坡向、坡度、海拔等外部环境条件对花椒的长势、产量会有影响。坡向影响光照长短,在山下地势开阔、背风向阳的地方花椒生长较好;山坡到山顶花椒生长较差。坡度影响土壤肥力。地势陡,径流量大,流速快,冲刷力大,造成土壤肥力降低。坡度越大,花椒的生长发育也就越差。

花椒属阳性树种,一般阳坡、半阳坡比阴坡光照时间长且充足,温度也高,适宜花椒栽培。但在干旱地区,由于阴坡、半阴坡土壤水分较好,阴坡和半阴坡反而比阳坡栽种花椒效果好。

一般情况下,缓坡和坡下部的土层深度、土壤肥力及水分状况较好,花椒生长发育也好。但在黄河沿岸地区,由于雨水冲刷,水土流失严重,有时上部土层反而更深厚些。

海拔不同,光照、水、风、温度、土壤条件等都会不同,对花椒的生长发育也会产生不同的影响,一般随海拔的升高、紫外光线的加强、温度的降低、热量的下降、风力的增大,花椒的生长量和产量也会降低。花椒在全国大部分地区均有生长,常见于平原至海拔较高的山地,在青海海拔 2 500 m 的坡地也有栽种。

第二章 花椒产业的起源

我国花椒的分布古今有所不同,先秦时期的陕西西南部、山西南部及河南东南部为花椒产区;汉魏以前主要野生于我国中西部山地;自汉魏至宋元,因花椒栽培逐步兴起,我国花椒分布略向西移;明代之后,因内销日盛、外销刺激,我国花椒以栽培种为中心的遍及南北多数地区直至青藏高原的现代分布格局逐步形成。现在我国除东北地区、内蒙古自治区等少数地区外,各省、区、市栽培广泛。以陕西、河北、四川、河南、山东、山西、甘肃等省较多。多栽培在低山丘陵、梯(台)田边缘、庭院四旁。

第一节 花椒名称和应用的演变

花椒作为速生、早实、实用、利厚和适应性强、栽培管理比较简便的一种香料、油料树种,很早就同我国人民结下了不解之缘。我国对花椒的利用,一直可以追溯到公元前 11~前 10 世纪的周代,我国对花椒的栽培,则不会晚于两晋之际,算来已有约 1 500 年的历史。

古时候人们就开始采摘野生花椒,在古文献《尔雅》中称花椒为大椒;《神农本草经》里根据不同产地将陕西、陇南一带的花椒称秦椒,四川一带的花椒称蜀椒。还有许多地方赋予花椒多种称呼,如申椒、椒聊、香椒、大花椒、青椒、青花椒、川椒、山椒、红椒、大红袍等。现如今,花椒已成为我国饮食中特有的香料,为厨房里必不可少的调味佳品,位列"十三香"之首,在红烧、卤味、腌制、煎炸、凉拌等各种菜肴中广泛应用。目前,花椒在医药、养生、饮食、工业、农业、文旅、生态等领域得到了充分利用和推广。

一、花椒名称的演变

林鸿荣(1985)整理散见于我国古籍的椒史,对花椒名实的历史演变做了初步的考察。

花椒古名:椒、椒聊、樧(huǐ)、大椒、秦椒、蜀椒、巴椒、蔏藙(táng yì)、丹椒、黎椒……

椒、椒聊:均见《诗经》。《诗经》中《周颂》《陈风》都有记椒之文。其中

《周颂·载芟(shān)》载:"有椒其馨"。因其是西周昭王、穆王之前的周王们的乐歌歌词,被认为是椒之最古材料。依据历代注家解释,椒即今之花椒。椒聊,见于《诗经·唐风·椒聊》:"椒聊之实,蕃衍盈匊(jū)。"陆玑《毛诗草木鸟兽虫鱼疏》曰:"椒聊,聊,语助也,椒树似茱萸……"

檓、大椒:名见《尔雅·释木》。晋人郭璞注曰:"今椒树丛生,实大者名为檓"。明修《巴县志》按西汉《范子计然》所谓秦椒、蜀椒:"秦椒大于蜀椒,《尔雅》之檓即秦椒,今通称花椒。"人们始将檓、大椒、秦椒、花椒视为一物。《诗经》中的椒、椒聊也是今之花椒,它们同属 *Zanthoxylum, bungeanum* Maixm. 一种。这可证于今人黄成就《中国芸香科植物初步研究》一文的汉名考。

秦椒、蜀椒:名见唐欧阳询《艺文类聚》卷八十七所收成书于西汉的《范子计然》,以及南朝梁陶弘景所撰《神农本草经》和《名医别录》。《范子计然》云:"蜀椒出武都,赤色者善。秦椒出陇西天水,细者善。"宋苏颂《图经本草》也说:"蜀椒生武都川谷及巴郡";"秦椒生泰山山谷及秦岭上"。《中国栽培植物发展史》所记:"生长在陕西的花椒,树形较大,籽实也较大,籽实表皮皱纹较深;生长在四川的蜀椒,籽实较前者小,籽实皱纹较浅。这种差异主要源于两地气候、土壤的差异而引起的植物生长发育的不同。"这表明:秦椒、蜀椒是生态型不同的同种花椒。

巴椒、蓎藙:名见《名医别录》椒"一名巴椒,一名蓎藙",是为蜀产花椒的别称。蓎藙,即《说文解字》的藙或樧(shā),也即北魏贾思勰《齐民要术》所称"肉酱、鱼酢、偏宜所用"的食茱萸。因藙似椒而非,药性不一,故陶隐居以蓎藙名椒,便于区别。

丹椒、黎椒:丹椒之名源出晋人左思《三都赋·蜀都》中的"或蕃丹椒",黎椒则因唐李吉甫《元和郡县图志》记:"黎州:开元,贡椒一石"而见称。

二、花椒的应用演变

花椒资源的开发经历了一个漫长的时期,从最初作为香料过渡到调味品功能,经历了近千年的时间。先秦时期,先民只是把花椒作为一种敬神的香物,作为一种象征物借以表达自己心中的思想情感;两汉时期,花椒成为一种济世药物;南北朝时期,花椒的象征意义渐渐消失,药用和调味功能逐渐得到开发,花椒在这一时期作为一种调味品被人们使用;从隋唐到明清直到现今这段漫长的时期,花椒的饮食文化逐渐发展成熟,其用途得到了较充分的利用和推广。

(一) 敬神、祭祀

先秦时期以花椒为香料祭奠先祖、敬神娱神是人们日常生活中的重要活动,人们每逢祭祀,必"选其馨香,洁其酒醴",以表达对祖先和鬼神的恭敬。不似五谷与百蔬可以用来果腹充饥,花椒单独食用口味并不怡人,且多食伤人,但是花椒果实红艳,气味芳烈,至成熟期在绿色的山野中显得格外醒目。所以,先秦时期花椒最早作为香物出现于祭祀和娱神的活动中。《楚辞章句》云:"椒,香物,所以降神"。

(二) 象征物与香料

花椒在中国古典诗词里有一种独具特色的审美意象。在古代节日庆典活动中,花椒是文人墨客吟诗抒怀之物,借以表达自己心中的美好情感和对幸福生活的美好希冀。《诗经·唐风·椒聊》"椒聊之实,蕃衍盈升"之句便很好地说明了这一意义。同时,花椒还被人们视为一种高贵的象征,在《荀子·议兵》中云:"民之视我,欢若父母,其好我芳若椒兰",表达了作者的清高和尊贵。《诗经·唐风·椒聊》曰:"椒聊之实,蕃衍盈升。彼其之子,硕大无朋。椒聊且,远条且。椒聊之实,蕃衍盈匊。彼其之子,硕大且笃。椒聊且,远条且。"描写了花椒树上累累的果实,反映了这一时期人民崇尚多子多福的思想和民风。

古人常把花椒与芳草香木并喻,香草的寓意是品德高洁,被人们视为一种高贵的象征,花椒寓意德操的理念滥觞于屈原的《楚辞》。《诗经》《楚辞》中充满了椒、兰等种类繁多的香木香草,借以表达自己心中的美好情怀和对幸福生活的美好希冀。在花椒还属于稀缺物的时代,它是一种时尚的定情信物,《诗经·东门之枌》云:"穀(gǔ)旦于逝,越以鬷(zōng)迈。视尔如荍(qiáo),贻我握椒。"写的是古代青年男女幽会,参加歌舞聚会,男子看女子粉红笑脸好像锦葵花,女子送男子一把花椒。

古人依据原始巫术中的"互渗律"原则认为,花椒的芳香多籽,说明其拥有强大的、神秘的繁殖力量。女子特别是已婚女子把花椒带在身上或放置在寝舍中,他们相信经常亲近、接触这些多籽的花椒就可以获得或拥有花椒的旺盛繁殖力,可以"宜子孙"。这对农业社会崇尚生殖的先民来说,自然是最大的祥瑞与福祉。因此,许多拥有地位与财富的贵族人家的妇女不但房间里放置花椒、随身佩饰花椒,还将花椒和泥涂抹装饰房间,期望以此来获得花椒强大神秘的繁殖力,达成家庭人丁兴旺、宗嗣不绝的愿望。妇女的生殖力不仅对家庭、家族非常重要,对于整个王朝来说更是如此。帝王的王后妃嫔们居住的宫室也往往以椒泥来涂饰。于是,到了汉代,帝王后妃们居住的宫室就有了

"椒房""椒宫"的特别称谓。班固《西都赋》云："后宫则有掖庭、椒房,后妃之室"。《汉宫仪》中记载："皇后以椒涂壁,称椒房,取其温也。"唐崔国辅《白纻辞二首》云："董贤女弟在椒风,窈窕繁华贵后宫。"

(三)殉葬品

在两汉时期,花椒作为一种殉葬品,只是王公贵族的专利,对于普通百姓来说,这可能是一种奢望,所以这也说明,在那个时期,花椒是一种珍贵的物品。花椒应用于祭祀之中,是由于其馨香的气味可以降神,交通神灵,导引魂灵。《离骚》中"巫咸将夕降兮,怀椒糈(以椒香拌精米制成的祭神的食物)而要之",说明椒有降神作用。

由于花椒具有交通神灵的功能,把花椒铺撒于棺盖之上,放置于死者的头部、身体的周围,或者装于玉枕、香袋、香囊之内放置,同样是为了起到交通神使,导引魂灵升天的目的。因此可以说,花椒是先秦两汉时期墓葬中非常重要的随葬物品。作为随葬物品,它的出现,上溯起码不晚于商代,沿袭传承大约至南北朝时期,长达约2 000年的漫长时期。从随葬花椒墓葬的数量较多,且多以高级贵族为主的现象来分析,随葬花椒应该是先秦两汉时期一种较为重要的丧葬习俗形式。

(四)制椒酒

用花椒来制作椒酒是我国古人的伟大创造之一。前面提到古人祭祀必"选其馨香,洁其酒醴",花椒用作香料是"选其馨香",而花椒用来制酒则是"洁其酒醴"。制作椒酒在当时主要是用来祭祀,人们用花椒来祭祀祖先、送神迎神、驱邪辟疫,所采取的主要形式就是献祭椒酒。

花椒在先秦两汉时期是非常重要的制酒原料。以花椒制成的酒称为"椒酒"或"椒浆"。《后汉书·文苑列传》曰:"兰肴山竦(sǒng),椒酒渊流。"李贤注:"椒酒,置椒酒中也。"椒酒、椒浆是古代重大祭祀活动中最为重要的献享物品。祭祀在古代属于非常重大的事件,《左传·成公·成公十三年》云:"(刘康公曰)敬在养神,笃在守业。国之大事,在祀与戎"。祀即祭祀,椒酒通常是祭祀活动中不可或缺的献祭品。

《诗经·周颂·载芟》曰:"有飶(bì)其香,邦家之光。有椒其馨,胡考之宁。"祭献酒食之芬芳,是我邦家有荣光。献上馨香的椒酒,祝福老人平安长寿。《九歌·东皇太一》曰:"蕙肴蒸兮兰籍,奠桂酒兮椒浆。"椒浆,以椒置浆中也。汉代《郊祀歌·赤蛟》曰:"百君礼,六龙位。勺椒浆,灵已醉。"以椒酒献享神灵的习俗一直到唐代仍保持着,唐李嘉祐《夜闻江南人家赛神,因题即事》云:"雨过风清洲渚闲,椒浆醉尽迎神还。"由此可知,椒酒、椒浆在祭祀活动中发挥着引神、降神、飨神的重要作用。

春秋战国时期，在楚国一带，农历新年时节有民间饮用椒酒的习俗。到汉魏时期，随着中国的统一，经过几次历史上的黄金时代，中国各民族有了更多的交流和融合之后，椒酒用来祭祀和饮用便成了一种流行的风俗。

在两汉时期，魏人普遍接受椒酒，还用其进奉长辈、进贡朝廷，以表示自己对长辈的尊敬和对朝廷的忠诚。同时，人们也开始广泛饮用椒酒。《四民月令》载："过腊一日，谓之小岁，拜贺君亲，进椒酒，从小起。椒是玉衡星精，服之令人身轻能(耐)老。"《四民月令》又载："正月之朔是为正月，躬率妻孥(nú)，洁祀祖祢(mí)。及祀日，进酒降神毕，乃室家尊卑，无大无小，以次列于先祖之前，子妇曾孙各上椒酒于家长，称觞(shāng)举寿，欣欣如也。"从此处我们也可以看到花椒在古代有象征长寿的意义。《荆楚岁时记》中也有记载："俗有岁首用椒酒，椒花芬香，故采花以贡樽。"由此可见，饮用椒酒在两汉时期非常流行。也正是因为这种流行，人们在不知不觉中发现了花椒对人体有一定的益处，于是有了花椒向药物领域的进军。

(五)药用与养生

在花椒长期应用于祭祀和制酒的过程中，人们渐渐发现了花椒的药用价值，认为花椒或者椒酒具有辟邪祛病、延年长生的功效，花椒还可以用来杀虫、防腐、防湿。

关于花椒用于医药最早的文献记载就是马王堆一号汉墓中的帛书《养生方》，其中列有秦椒。而对秦椒和蜀椒药性的具体描述，在《神农本草经》中有丰富的体现，其中对秦椒是这样描述的："味辛温。主风邪气，温中除寒痹，坚齿发，明目。久服，身轻，好颜色，耐老增年，通神。"该书把花椒列为下药，对下药的应用原则是："下药……为佐使，主治病以应地，多毒，不可久服。欲除寒热邪气，破积聚，愈疾者，本下经。"

河南、湖北等地已发掘的先秦时期的古墓中，发现了有大量的花椒存在。据考古学家解释，应用花椒的一个重要的原因就是花椒可以用来保护尸体，以免尸体被毒虫所蛀、为阴地湿气所腐。在江淮地区的古墓遗址中，发现了花椒与朱砂共用的现象。葛洪在《抱朴子》中对花椒和朱砂共用做了进一步阐述："上药令人身安命延，升为天神，遨游上下，使役万灵，体生毛羽，……下药除病，能令毒虫不加，猛兽不犯，恶气不行，众妖并辟。"由此可见，在春秋战国时期，花椒已经有了入药的征兆。到了两汉时期，花椒的医药功能得到进一步的推广，用来疗疾养生，如《孝经援神契》曰："椒姜御湿，菖蒲益聪，巨胜延年，威喜辟兵。"

花椒作为一种济世药物大量地出现在医药著作当中,如元代吴瑞撰写的《日用本草》,唐代孟宪编写的《食疗本草》、王焘编写的《外台秘要》,明代宁原编写的《食鉴本草》,以及宋代苏颂等人合编的《图经本草》等著作,都对花椒入药有一定的文字介绍。明代的药物学家李时珍更是对花椒推崇备至,《本草纲目》中曰:"椒,纯阳之物,乃手足太阳、右肾命门气分之药。其味辛而麻,其气温以热。禀南方之阳,受西方之阴。故能入肺散寒,治咳嗽;入脾除湿,治风寒湿痹、水肿、泻痢;……椒属火,有下达之能。服之既久,则火自水中生,故世人服椒者,无不被其毒也。"

事实上,花椒作为药物为人们服用,为花椒将来作为调味品提供了最简便的通道。到了南北朝时期,花椒便成了一种调味品开始广泛应用。

(六)调味料

魏晋南北朝时期是花椒发展的一个重要时期,可以把这个时期看作一个分水岭,在魏晋时期之前,花椒的功能是作为香物或者象征物;而在魏晋时期之后,花椒的功能是作为药物和调味品。

三国陆玑《毛诗草木鸟兽虫鱼疏》云:"椒聊之实……蜀人作茶,吴人作茗,皆合煮其叶以为香。今成皋诸山间有椒,谓之竹叶椒,其木亦如蜀椒,少毒热,不中合药也,可著饮食中,又用蒸鸡、豚最佳香。"这是花椒作为调料的最早记载。东晋《风土记》中有"三香椒、樧、姜"之说,《齐民要术》"作鱼鲊第七十四""脯腊第七十五""羹臛法第七十六""蒸缹法第七十七"等篇中均是椒姜并提,绝大多数情况是椒姜、橘皮、葱、小蒜一起配伍。这反映出汉魏时期以后,花椒成为一种调味品走进了人们的生活。

在唐代,《蛮书》《北户录》《四时纂要》均记载了花椒作为调味品的情况,如《蛮书·蛮夷风俗第八》云:"取生鹅治如脍法,方寸切之,和生胡瓜及椒橻啖之,谓之鹅阙,土俗以为上味。"不过即使是唐代,花椒还是颇为昂贵的调味品,诗僧寒山就曾以"蒸豚揾(wèn)蒜酱,炙鸭点椒盐"讲述了富贵人家用花椒作为调味品的奢侈生活。

宋代以后,花椒的栽培越来越普遍,花椒不再是宫廷和贵族的专利品,而是作为一种普通的消费品进入了寻常百姓家。到了明清时期,花椒作为一种调味品,广泛用于菜肴的烹调之中。

宋元时期,花椒得以大量使用,尤其元代,人们多食牛羊肉,花椒味辛,能很好地压制牛羊肉的腥膻味,因而被大量用以调味。此外,各种鱼虾海鲜类菜肴也要用到花椒。明末辣椒传入后,对花椒在饮食界的地位有了不小的冲击,传统的花椒、茱萸、姜三香被辣椒、胡椒、姜所取代,花椒的调味地位有所降低,但在川菜中却是个例外。

清代以前,花椒还没有形成一种独立的基本味,而是与其他调味品如姜、葱等一起使用。到了清代以后,花椒才作为一种独立的基本味用于烹调中,这种突出花椒作为基本味的烹饪方法,被美食家们公认始于巴蜀。组成川菜口味的主要有麻、辣、咸、甜、蒜、苦、香七味,但列为群味之首的则是麻,而麻的口感味就来自花椒。清末《成都通览》中记载了一道"椒麻鸡片",花椒首次独立入味。尔后以花椒为原料制成的花椒油、椒盐等与川盐、郫县豆瓣、泡椒等共同构成了川菜的核心及特色调料,花椒辛香独特的味道赋予了川菜别具一格的特质,与辣椒搭配形成了川菜麻辣兼备的格局。花椒不仅推动了川菜的发展,麻味这种源于中国的特有风味,也是中国对世界饮食文化的独有贡献。

在中国近1 000年的发展过程中,在一次次分裂和统一的历史变迁中,中华民族的饮食文化也经历着淘汰和融合。同样,花椒也经历了历史的扬弃,饮食文化得到了极大的丰富和发展,花椒的实用价值得到了进一步的发展。

第二节　我国花椒的驯化栽培历史

花椒由野生到被驯化栽培经历了漫长的历史时期,最初花椒只是敬神的香物,春秋时期已作为药物被利用,最迟在东汉时期开始用于烹调食品。在社会需求增加的刺激下,大约在西晋末东晋初,在花椒名品蜀椒分布较集中的今四川北部出现了栽培花椒。从《齐民要术》看,北魏时期花椒不仅被引种到北方,而且其栽培技术也已基本成熟。根据现有材料,在古代,我国花椒的地理分布北起泰山黄河以南,南达江南丘陵,东至东南沿海诸岛屿,西抵青藏高原东北缘。我国早期的花椒利用具有明显的地域特征,这与地理环境有密切关系。

花椒调味功能的开发,是汉代先民利用花椒资源的一个重要进展,它是栽培花椒的有利推动因素。

西晋以前尚无关于人工栽培花椒的记载,《神农本草经》称秦椒、蜀椒"生川谷",可见当时花椒尚处于野生状态。到了两晋时期,便有了人工栽培花椒的文献记载,两晋晚期郭璞的《山海经图赞》称:"椒之灌植,实繁有榛,薰林烈薄,酵其芬辛。"北魏著名农学家贾思勰所著的《齐民要术》中记载"蜀椒出武都,秦椒出天水",并对花椒的栽植、采收、贮藏做了详尽的描述:"今青州有蜀椒种,本商人居椒为业,见椒中黑实,乃遂生意种之。凡种数千枚,止有一根生。数岁之后,便结子,实芬芳,香、形、色与蜀椒不殊,气势微弱耳。遂分布栽移,略遍州境也。熟时收取黑子。四月初,畦种之。方三寸一子,筛土覆之,令厚寸许……"由上面资料可以看出,南北朝时期,在某些地区已有了人工栽培花椒的事实,而且有了专门以从事贩卖花椒为生的商人。但我们也同时看到,虽然花椒在当时开始人工种植,但由于栽培技术相当落后,"凡种数千枚,止有一根生。"所以,花椒资源在当时还是相当紧缺的。明清时期,由于交通的发展,花椒销售日益兴盛,促进花椒种植有了进一步的发展,逐步奠定了我国花椒栽培的现代格局。

我国劳动人民不仅在很早以前就有丰富的植椒经验,而且对花椒属的种类也已经有所认识。如《本草纲目》第三十二卷果部对秦椒、蜀椒、崖椒、蔓椒、地椒、胡椒的产地、药性都有详细的描述。栽培花椒的出现,是社会需求增加的反映,是花椒实用功能不断得到开发的必然结果。

花椒作为一种普通的植物果实,见证了王朝的兴衰,入药救人,与味蕾为友,花椒成了中华传统文化的符号,成为古代饮食、医学、养生、伦理、哲学、文学等传统文化的重要载体。

第三节　从史料看我国花椒的地理分布

今人林鸿荣和曾京京整理我国古籍的椒史,对我国花椒分布的历史演变进行考证,认为今陕西西南部、山西南部、河南东南部、古三巴之地即今川东和川北自古有花椒分布,古荆楚今湘鄂山地大抵所在也都有椒树。我国野生花椒以秦椒和蜀椒最为著名,蜀椒的分布地域主要在今四川省,而秦椒除甘肃、陕西两省的南部地区为其主要分布地外,北至泰山、东至江淮及东南沿海一带皆有分布。

《离骚》一文多处提到花椒:"杂申椒与菌桂兮,岂惟纫夫蕙茝(chǎi)?""苏粪壤以充帏兮,谓申椒其不芳。""巫咸将夕降兮,怀椒糈而要之。""椒专佞以慢慆兮,樧又欲充夫佩帏。""览椒兰其若兹兮,又况揭车与江离?"据以上屈原的咏叹,足证古荆楚今湘鄂山地所在都有椒树。

《毛诗草木鸟兽虫鱼疏》曰:"椒树似茱萸,有针刺,……蜀人作茶,吴人作茗,皆合煮其叶以为香。今成皋(gāo)诸山间有椒,谓之竹叶椒,……东海诸岛亦有椒树"。此处吴指今长江下游以南的太湖流域,成皋大体在黄河以南的荥阳,东海诸岛大体在今浙江、福建沿海地区。梁陶弘景《名医别录》云:"秦椒生泰山山谷及秦岭上或琅琊,八月、九月采。"从这条史料看,今陕西秦岭和山东地区也有花椒分布,又载"蜀椒生武都川谷及巴郡",武都即今甘肃东南部近四川处,巴郡即今重庆。《水经注》卷三十云:"淮水又北,左合椒水……"据《水经注全译》,在今安徽寿县(古寿春)以东、肥水以西有椒水。既称椒水,应与《楚辞》中的椒丘相类,表明当地有花椒生长。《水经注》卷三十九云:"赣水又径椒丘城下,建安四年,孙策所筑也。"据《中国历史地名词典》,椒丘城位于今江西省新建区。以上史料均反映今东部江淮地区东南沿海及山东泰山地区有花椒分布。

又据《中国植物志》中记载,在第三纪的上新世至始新世,在我国辽宁抚顺、山东临朐和河南桐柏的地层中先后发现了花椒属和黄檗属的叶片化石。20世纪六七十年代,中国南北各地先后在汉代古墓出土文物中发掘出花椒属的果、种子及皮刺。

《山海经中山经·中次八经》中"琴鼓之山,其木多榖、柞、椒、柘"的椒,以及《山海经中山经·中次十经》中"虎尾之山,其木多椒、椐"和"椟山,多寓木,多椒、椐,多柘"的椒,据"椒椇为树小而丛生,下有草木则蓊(hē)死",即今之花椒,分布在今陕东南、豫南和鄂北一带。《华阳国志·巴志》记周武王灭殷后封其宗姬于巴,提到"其地……药物之异者,有巴戟天、椒。"这是说古三巴之地即今川东、川北自古有花椒分布。

根据以上材料,可以看出我国甘肃省南部、四川省、湖北省、陕西省南部等地区是野生花椒分布比较集中的地区,广大东部地区北起黄河以南、南至东南沿海诸岛屿及内陆也均有花椒分布。这与现代学者的研究成果基本相符,据《中国植物志》,我国花椒的地理分布北起东北南部,南至五岭北坡,东南至江苏、浙江沿海地带,西南至西藏东南部。其中,除东北南部与西藏的东南部古文献未有记载外,其他地区古代本草学家大体都已提及,由此可以看出古今花椒地域分布的稳定性。

第三章　花椒品种介绍

花椒(*Zanthoxylum bungeanum* Maxim.)又称椒(《诗经》)、檓、大椒(《尔雅》),秦椒、蜀椒(《本草经》),以及香椒、红椒、红花椒等。花椒可作为调味料,可提取芳香油,又可入药。作为调味料,花椒可驱除各种肉类的腥味;促进唾液分泌,增加食欲。《诗经·周颂》云:"有飶其香,邦家之光。有椒其馨,胡考之宁。"花椒亦可浸制酒,李嘉祐有《夜闻江南人家赛神,因题即事》诗:"雨过风清洲渚闲,椒浆醉尽迎神还。"崔寔的《四民月令》记载:"过腊一日,谓之小岁,拜贺君亲,进椒酒,从小起。椒是玉衡星精,服之令人身轻能(耐)老。"花椒是我们日常生活中不可缺少的调味料,现将一些名优品种及其特性介绍如下。

第一节　红花椒

一、大红袍

大红袍也叫狮子头、大红椒、疙瘩椒、秦椒、凤椒、西路花椒等,灌木或小乔木,在自然生长状态下树形呈多主枝圆头形或无主干丛状形,是我国分布范围较广、栽培面积最大的花椒优良品种。

大红袍花椒丰产性强,喜肥抗旱,不耐水湿,不耐寒。适宜在海拔 300~1 800 m、向阳湿润且深厚肥沃的沙质壤土上栽培。比较有代表性的主产地是四川茂县、汶川、绵阳,甘肃天水、武都,陕西凤县、韩城等地,在全国除东北和内蒙古少数地区外,各地广为栽培,尤以陕西、河南、山西、云南和四川等省最为集中。花椒在海拔 380~2 600 m,年平均气温 8~16 ℃,年降水量 500 mm 以上,无霜期 180~200 d,土质为沙壤土或中壤土,土层厚度 80 cm 左右,5°~45°的向阳坡和半阳坡都能栽培;在平原、丘陵及海拔 1 000~2 600 m 的山区均能生长。

大红袍品种因产地不同,表现的性状也会不同。大红袍花椒果实在成熟时一般会开裂,种子会从果皮中自然脱落。但也会有少部分生长发育不够好的椒果在成熟时只是半开裂或不开裂。半开裂的椒果种子很难脱出,常附着在果皮之中;而不开裂的椒果,商业上将其称为"闭眼椒"。闭眼椒含量越多,花椒质量越差。越是品质好的花椒,成熟时开裂得越好。

(一)品种特性

该品种树势强健,生长迅速,树形紧凑,树姿半开张,分枝角度小,树冠半圆形,盛果期树高 3~7 m,茎干通常有增大皮刺。当年生新梢红色;一年生枝紫褐色,小枝硬,节间较短,被短柔毛;多年生枝灰褐色,有细小的皮孔及略斜向上生的皮刺。皮刺大而稀,基部宽厚,先端渐尖。奇数羽状复叶,叶轴边缘有狭翅,有小叶 5~11 枚,长 1.5~7.0 cm,宽 1~3 cm。小叶片广卵圆形,叶尖渐尖,叶色浓绿,叶片肥厚而富有光泽,表面光滑,质脆,叶面油腺点窄、不明显,叶柄及叶脉无小刺,基部近圆形,边缘有细锯齿,表面中脉基部两侧常被一簇褐色长柔毛,无针刺。聚伞圆锥花序顶生,花色大多为白色或者淡黄色,花被片 4~8 个;雄花雄蕊 5~7 个,雌花心皮 3~4 个,稀 6~7 个,子房无柄。果球形,通常 2~3 个,果球颜色大多为青色、红色、紫红色或者紫黑色,密生疣状凸起的油点。花期 3~5 月,果期 7~9 月,属晚熟。成熟的果实多为艳红色,晒后不变色。表面庞状腺点突起明显,腺点多且大,麻香味浓。果穗大而紧凑,果柄短,近无柄。果粒大,直径 5.0~6.5 mm,纵横径比值近 1:1。平均穗粒数30~50 粒,最多可达 110 多粒,果实千粒鲜重 85.0~92.0 g,出皮率 32.4%,干椒千粒重 29.8 g。种子为黑色,有光泽,中等大,千粒重 19.1 g。成熟的果实果皮易开裂,采收期集中,一般 4.0~5.0 kg 鲜果可晒制 1 kg 干椒皮。

(二)幼苗特点

树皮皮刺为红棕色,皮刺肥大,着生在腋芽下位两侧各一个,刺形多为不等边三角形,节间少有刺,刺扁平,微下勾。叶为奇数羽状复叶,每一复叶有小叶 5~13 片,小叶菱形,窄而长,色深绿,叶面凹凸不平,叶脉凹向叶背,叶边不平整,呈波浪状,叶锯齿缘较肥大。苗木生长很快,3~4 年开始结果,6~7 年进入盛果期。株产花椒可达 0.5~1.0 kg,以后产量逐年增加。大树枝条微细,树皮为棕褐色,皮孔中等且大多为白色,较稀少。

(三)优良特性

(1)生长快,结果早,产量高。

1 年生苗高可达 1 m 左右,栽后 3~4 年即可开花结果,6~7 年进入盛果期,并延续 15 年左右。生长寿命为 30~40 年。10 年生株产干椒 1.0~2.0 kg,15 年生左右株产干椒 4.0~5.0 kg,20 年生株产干椒 2.0~4.0 kg,25 年后株产干椒 1.7~4.4 kg。最高单株产量可达 7 kg。

(2)颗粒大,颜色深,品质好。

大红袍花椒的平均果径为 0.65 cm,比小红袍和枸椒分别大 30.0% 和

30.2%;平均干椒千粒重62 g,比小红袍和枸椒分别重40.3%和57.9%;平均椒皮厚0.57 mm,比小红袍和枸椒分别厚7.6%和21.1%。晒干后的大红袍花椒仍保持深红色,小红袍则为鲜红色,枸椒为浅红色且有异味。在同等条件下,生产的大红袍花椒,其等级要比小红袍至少高一级。

(3)刺少,果穗大,采摘方便。

二、汉源无刺花椒

汉源无刺花椒是在四川汉源进行乡土优良花椒资源调查时发现,并选育出的优良乡土花椒新品种,其母本优树为大红袍。2006~2013年在汉源县的区域试验(对比品种为正路椒)中汉源无刺花椒表现出:定植2~3年后可开花挂果,枝条萌蘖力强,树势易复壮,丰产和稳产性好,抗旱和抗寒能力强,能适应干热、干旱及高海拔地区等特性。2014年4月通过四川省林木品种审定委员会认定。

(一)品种特性

该品种为落叶灌木或小乔木,树势中庸,树形呈丛状或自然开心形,树高和冠径一般都为2~5 m。树皮灰白色,幼树有突起的皮孔和皮刺,刺扁平且尖,中部及先端略弯,盛果期果枝无刺。叶片为奇数羽状复叶,互生,表面粗糙,小叶卵状长椭圆形且先端尖,叶脉处叶片有较深的凹陷,叶缘有细锯齿和透明油腺体。花为聚伞圆锥花序,腋生或顶生。果穗平均长度为5.1 cm,果穗平均结实数量为45粒,果实为蓇葖果,直径平均为5.09 mm,果柄较汉源花椒稍长,果皮有疣状突起半透明的芳香油腺体,与汉源花椒一样在基部并蒂附生1~3粒未受精发育而成的小红椒,椒果熟时为鲜红色,干后为暗红色或酱紫色,麻味浓烈,香气纯正,干椒皮平均千粒重13.081 g,挥发油平均含量为7.16%。种子1~2粒,呈卵圆形或半卵圆形,黑色有光泽。3月下旬至4月上旬为花期,7月至8月中旬为果实成熟期(比汉源花椒提前半个月左右成熟),10月下旬开始落叶,随海拔不同略有差异。定植2~3年后投产,6~7年丰产,正常管理条件下树冠投影面积鲜椒产量平均可达1.255 kg/m²,丰产性和稳产性好。

(二)栽培技术

适宜在与汉源县相类似的气候区,海拔≤2 500 m,年平均气温16 ℃左右,年日照时数1 400 h左右,年降水量700~1 000 mm,土层厚度≥50 cm,以及土壤pH 4.5~8.0条件下种植。株行距2 m×3 m,定植后在离地面30~50 cm高度处进行截干,自然开心形或丛状整枝。穴状整地,长、宽各为60 cm,

深为 40 cm,穴施腐熟农家肥 5 kg 和磷肥 0.1 kg。开沟排水防涝,若地势平坦应采用深沟高畦栽植。幼树期修剪应轻剪多缓放,使枝条开张角度为 45°~50°。盛果期培养和调整结果枝组,均衡树体营养。衰老期应注意椒树结果枝组和骨干枝的更新复壮。丰产椒园管理过程中,重施基肥和适时追肥,追肥宜在 2~6 月进行并以速效性化肥为主,基肥宜在 8~10 月进行并以有机肥为主,且开花前和谢花后及果实膨大期等可进行叶面施肥保证植株养分供应;每年应适时中耕除草、施肥和灌水 3~4 次。3~4 月应重点防治跳甲和吉丁虫,5~6 月应重点防治蚜虫,7~9 月应重点防治叶锈病,冬季或春季萌芽结合修剪清除椒园中的病枝和虫枝并集中烧毁。

三、秦安 1 号

(一)品种特性

秦安 1 号,也称串串椒、葡萄椒,是人工选育的优良品种。该品种是由秦安县农民汪振中在自家椒园中发现的长势及结果特殊的优良单株。1991~1992 年秦安县林业局(今秦安县林业和草原局)、天水市林业科学研究所技术人员对品种的遗传稳定性及产量进行了观察测定,并通过专家鉴定,确认是大红袍花椒的一个新变种,1997 年发布为优良品种。

其树体主干明显,树冠为扁形,冠层稀疏,冠顶平,形似桃树。树条粗短,皮刺大而宽扁,幼树刺多,随着树龄增大,皮刺逐渐脱落。穗大成串,果柄极短、果粒大、果皮厚、色鲜红、品质上乘。8 月下旬成熟,每 3.0~3.5 kg 鲜椒晒1 kg 干椒皮。该品种喜肥水、耐瘠薄、抗干旱、耐寒冷,目前在秦安大量推广,并引种到周边省、区、市、。

秦安 1 号 1~2 年生苗木枝条绿红色,叶片为单数羽状复叶,对生。小叶边缘锯齿处腺体明显,小叶 9~11 枚。整个植株叶大、肉厚、皮刺大。叶正面有一突出较大刺,叶背面有不规则小刺。1 年生苗高 20~35 cm,地径 0.4~0.6 cm。3~5 年生树,枝条皮色青绿微黄,树形自然成形,形似整形的苹果树、桃树。主干及侧枝相当分明,主侧枝一般 3~6 个。丛生枝、徒长枝少见,结果枝多,短枝比例达 90% 以上,但平均成枝率低,只有 1%,结果枝一般长 7.5~13.0 cm,其上形成花芽约 6.3 个。结实层厚,果实成熟期一致。6 年后盛果期树小叶以 7 枚最为常见,叶稀少,浓绿深厚,光合能力很强。表型上不同于其他椒树的显著特点是:果实紧凑,果穗大,球形果集中成串,很容易采摘。平均穗粒数 121~171.7 粒。

(二) 优良特性

秦安1号喜土壤肥沃,适宜在有灌溉条件的地方生长。不怕涝,耐寒、耐旱性强。秦安1号地径、冠幅随着树龄的增大而增大。地径增长的特点是:3年之前每年增长1 cm,3年后每年增长2.24~2.38 cm。冠幅增长的特点是:3年之前不明显,3年后每年变化幅度在1 m左右。主侧枝3年之前不稳定且不明显,随着树龄增大,愈来愈明显,而且稳定在5个左右。树高3年之前变化大,3年后基本趋于稳定。秦安1号采用1年生苗春、夏、秋三季定植后3年结果,结果率100%。比同系列品种大红袍1年生苗定植3年结果率高50%~62%。秦安1号定植后6年进入盛果期,据1993年7月24日选标准株现场检测(天水市科委组织测定),8年生单株产鲜椒15.61 kg、每公顷年产鲜椒13 112.4 kg,比同立地条件下大红袍分别高出6.71 kg和5 284.9 kg。平均穗粒数在112~171.7粒,比大红袍多60~96.4粒。单株干椒产量为4.73 kg,比大红袍高1.77 kg。

四、琉锦山椒

琉锦山椒由河北省林业科学研究院(今河北省林业和草原科学研究院)选育,2009年12月通过河北林木品种审定委员会审定。

(一) 品种特性

树姿较直立,枝条密集、粗壮,呈抱头状生长,枝干光滑无刺,皮孔多而密,新梢上部绿色,下部为棕色,枝条尖削度大;叶片较小,长、宽平均3.36 cm、1.37 cm。果实椭圆形,较大,纵横径5.94 mm×5.01 mm,脐部一小突起,果皮鲜红色。鲜果千粒重74.48 g,干椒千粒重16~18 g,出皮率22.71%。每个小穗柄着生1~3粒,平均穗粒数58粒,最多可着生150粒,整齐度高。果实着色较晚。一般9月中旬开始着色,9月下旬至10月上旬成熟。萌芽力和成枝力强,早花、早果。嫁接苗当年成花株率80%以上,坐果率高,丰产、稳产。抗流胶病,易感穗枯病。幼树抗寒性较差,注意越冬防寒。椒芽、果实均可食用,可作为调料,以及腌菜和制药的重要原料。

(二) 栽培技术要点

采用嫁接繁殖,以3月中旬至4月中旬枝接效果最好。干旱区采用坐地苗嫁接建园,平畦栽培;平原灌溉区采用高垄栽培模式,可直接定植成品苗。注意授粉树的配置方式及比例,雌雄株一般以(8~10):1的比例配置较好,最好直接在雌株上嫁接雄枝(20:1),同时人工辅助授粉可显著提高坐果率。树形以开心形最好,修剪方式以疏枝、缓放和拉枝为主,短截为辅。害虫主要有蚜虫、凤蝶、天牛等,病害有穗枯病、膏药病等。3年生之前树越冬要绑草防寒,花期注意防霜。

五、早红椒

2001年韩城市林业站采取实地观察、走访等方式,在韩城市范围内进行优良株系调查,发现优良单株多个,其中在桑树坪镇枣庄村柏树坳组发现3株果实着色特别早的植株,其鲜果、干椒皆鲜红色,每年7月中旬果实完全着色,比韩城大红袍其他品种着色早10 d,且持续一个月不落椒。粒大、色艳、味浓、肉厚、张口大及梅花椒颗粒多。这3个优株性状一致,按照选择标准,初步将其确定为优良单株,并对初选株标记,命名为早红椒,2021年通过陕西省林木和草品种审定委员会审定。

(一)品种特性

早红椒树体较高大,树势中庸、紧凑,枝条粗壮,树形为自然开心形,分枝角度大,皮刺少,尖削度稍小,树皮灰褐色,长势强。奇数羽状复叶,小叶7~9片,偶有11片或13片,叶片宽厚,锐尖圆形(葵花籽状),叶色泛黄。背上枝和背下枝少,修剪量小。叶色秋季季相明显,果实着色较韩城大红袍等主栽品种早10 d左右,7月中旬可完全着色。果梗粗短,果穗紧凑,平均穗粒数50~80粒,高的可达120粒,果实直径5.0~6.5 mm,鲜果干果均为鲜红色,鲜果千粒重80~90 g,梅花椒颗粒含量占30%~40%,落果少。经过20年的观察,早红椒优良品系植株生物学特征稳定,生长健壮,与母树优良性状一致。

早红椒在韩城3月中下旬萌芽发叶,较韩城大红袍其他品种约晚1周,3月下旬至4月上旬现蕾,4月中下旬开花,4月下旬花谢坐果,5月上旬果实发育,7月中旬完全着色,7月中下旬果实成熟可采摘。较韩城大红袍其他品种成熟早10 d左右。经多年多点观察,早红椒与栽植多年的韩城大红袍及近年选育推广的优良品种狮子头、南强一号等相比,抗旱性、抗寒性相当,抗性强,未发现与其他品种不同的病虫害。

(二)栽培技术要点

采种树要选择丰产、稳产、树龄10~15年的盛果树,当2%~5%的果皮开裂时采种。秋播在种子采收后到土壤结冻前进行,种子脱脂漂洗。春播在早春土壤解冻后进行,种子要沙藏处理,播种量600~900 kg/hm²,留苗22.5万~30.0万株/hm²。

春季、秋季及雨季均可栽植,以春季栽植为主。秋季栽植后,注意冬季防冻,春季栽植注意防旱,也可在雨季阴雨天气就近移栽。建园密度一般为平地株行距 3 m×(4~5)m,山坡地、台塬地株行距 3 m×(3.5~4)m。栽后及时截干,截干高度 40~50 cm,以利于机械操作。

早红椒根系发达,分布较浅,一般分布在表土以下 10~40 cm,杂草易与椒树争水、争肥。因此,每年春、夏两季要及时扩盘、松土和除草,以改善土壤通透性,促进根系生长,扩大营养面积。早红椒树形多为自然开心形,整形一般从落叶后到萌芽前均可进行,以春季萌芽前整形最适宜。树势中庸,修剪量小,多采用夏剪与冬剪相结合的方法。

病虫害防治主要从抓好秋冬季管理入手,重点做好一翻、一刮、一涂、两清,即结合施肥翻园,刮除树干上的粗皮、老皮、病斑、虫卵等,冬季树干涂白,结合秋冬季修剪剪除病虫枝、重叠枝,清理枯枝、落叶等,秋末落叶后和春季发芽前各喷 1 次 3~5 波美度石硫合剂清园。

六、林州红

1991 年,林州市林业局(今林州市林业和草原局)在花椒主产区发现有一株大红袍花椒树,树高 2.6 m,树冠半径 4.1 m,树龄 18 年,平均年产干椒 13 kg,被当地群众称为"大红袍王"。它表现出树势紧凑、果梗较短、果穗紧密、果色红紫、味麻香浓、高产稳产的优良性状。同年以此树为母树采种进行育苗,苗木田间定植,3 年后,大部分树开始挂果,果实性状与原母树完全一致。然后在本市进行扩繁并在周边县、市进行区域试验,在栽植区对其植物学性状、果实经济性状、抗性、适应性进行系统的调查与鉴定。结果表明,林州红丰产性能良好,品质优良,色紫、味浓,适应性、抗逆性强,其综合性状优于花椒其他品种,2008 年通过河南省林木品种审定委员会审定为优良品种,定名"林州红"。

(一)品种特性

树形多为多主枝圆头形或开心形,树姿半开张,树势强健、紧凑,分枝角度小。当年生新梢褐紫色,枝条硬、直立,节间短,皮刺大而稀,基部宽厚。随着枝龄的增大,刺端逐渐脱落成瘤。叶为奇数羽状复叶,小叶 5~11 片,叶缘锯齿状、卵圆形、深绿色,有光泽,蜡质较厚。果枝粗实,成熟的果实为深红色,果实表面疣状腺点粗大,突起明显,有光泽,晒干的椒皮紫红色,果实球形,直径 5~6.5 mm,果梗短,果皮厚,一般每果穗穗粒数 30~60 粒,最多达 113 粒,鲜果千粒重 100 g,制干率为 26.7%;据农业农村部农产品质量监督检验中心测试,林州红蛋白质含量 19.22%,粗脂肪含量 38.86%,钙含量 0.96%,磷含量 0.18%,芳香油含量 9.85%,香气浓郁,麻味持久,是不可多得的调味佳品,含籽率 25.8%,不易开裂,果实 8 月中下旬成熟,采果期长。林州红花椒适宜在河南省太行山区及其周边地区栽培。

(二)栽培要点

林州红花椒的造林密度以 2 m×4 m 为宜。春、秋两季结合整地进行施肥,开花前以施用氮肥为主,开花后以施用磷钾肥为主。每年上冻前深翻改土一次,在树的根部覆盖高 20 cm、直径 40 cm 的土堆防寒,春季将土堆推平以利于施肥、浇水。生产中多采用多主枝开心形、小骨架疏散分层形及多主枝丛状圆头形等整枝方式。定植后,留干 40~50 cm 高定干,然后选 3~4 个方位好、开张角度好的枝作为主枝培养。在主枝上,每隔 40~50 cm,选 2~3 个斜生枝作为侧枝。对幼龄树要注意主枝开张角度,夏季及时抹芽,疏除徒长枝。对盛果期树要重点做好永久性结果枝组的培养,配齐 3 套枝。对衰老期树要以更新复壮树势为主,利用壮枝、徒长枝及背上枝及时更新复壮,疏除瘦弱枝、病虫枝,回缩过长枝,延长结果年限。可于 3 月上中旬喷 1 次 0.3~0.5 波美度石硫合剂,防治红蜘蛛、蚜虫;于 5 月中下旬喷 1 次吡虫啉 1 000~2 000 倍液,防治红蜘蛛、蚜虫和花椒跳甲;于 6 月中旬、8 月上旬各喷 1 次 1:1:100 波尔多液或 50%退菌特 800 倍液,防治早期落叶病和煤污病。

七、豆椒

(一)品种特性

豆椒又名秋椒、八月椒、白椒。树势较强,树姿开张,分枝角度大,盛果期树高 2.5~3.0 m,刺基部及顶端均扁平。当年生枝绿白色,1 年生枝淡褐绿色,多年生枝灰褐色。皮刺基部宽大,先端钝。叶片较大,淡绿色,小叶长卵圆形。果实成熟前由绿色变为绿白色,果皮厚,颗粒大,直径 5.5~6.5 mm,鲜果千粒重 91 g 左右。果柄粗长,果穗松散。果实 9 月下旬至 10 月中旬成熟,果实成熟时淡红色,晒干后呈暗红色,椒皮品质中等。一般 4.0~5.0 kg 鲜果可晒制 1 kg 干椒皮。豆椒属晚熟种,抗性强,产量高,在甘肃、山西、陕西等省均有栽培。

(二)幼苗特点

豆椒幼苗特点是:枝条较健壮,皮和皮刺为红绿色,皮刺瘦而细长,除腋芽两侧下位各生一刺外,节间也有较少的刺。叶为羽状,叶面较大,但小叶少,每一复叶有小叶 5~13 片,为卵圆形,黄绿色,叶面光而平。结果早,大树枝条和树干皮为褐色,盛花期 4 月下旬,每花序有花 10~100 朵,多者可到 1 000 朵。果实着色期在 7 月上旬,成熟期为 8 月下旬,比大红袍品种晚熟 20~30 d。果实成熟后鲜果较大,平均横径 6.4 mm,最大果横径可达 7.2 mm 左右。制干率 17.2%,干果为深红色或黄红色,肉比大红袍薄,香味差,鲜果出种率27.6%。该品种品质较差,但因开花期晚,抗逆性较强,产量较高且稳产性较好,是山地栽植的良种。

八、白沙椒

白沙椒也称白里椒、白沙旦。因果实晒干后内果皮呈白色而得名。该品种树势中庸,树姿较开张,萌芽力强,成枝力强,主干树皮为灰色,盛果期树高2.5~5.0 m。当年生枝绿白色,1 年生枝淡褐绿色,多年生枝灰绿色。皮稀疏,大小不均匀,大皮刺背面或下面一般有 2 个小皮刺,多年生枝的基部皮刺常脱落,枝条皮孔较多,多为圆形。奇数羽状复叶互生,小叶 5~9 枚,阔卵形,叶片宽大平展,长×宽平均值为 35.4 mm×24.2 mm,叶片较薄,叶色淡绿,叶缘锯齿小。成熟果实淡红色,果粒腺点密、小且不突出,排列无规律,果柄较长,平均长 6.75 mm,果穗大、松散,果实颗粒大小中等,纵横径平均值为 5.49 mm×4.68 mm,平均穗粒数 64 粒,鲜果千粒重 75 g 左右。果实 8 月中下旬成熟,果色较浅,先为黄白色,成熟后变为淡红色,晒干后干椒皮呈褐红色,麻香味较浓,但色泽较差。一般 3.5~4.0 kg 鲜果可晒制 1 kg 干椒皮。

白沙椒属中熟种,无隔年结果和大小年结果现象,丰产性和稳产性均强,耐贮藏,晒干后放 3~5 年香味不减且不生虫为其特点,但因果皮色泽较差,市场销售不太好,不宜大面积栽培;耐干旱瘠薄,立地条件较差也能正常生长结实,在山东、河北、河南、山西栽培较普遍。

九、二红袍

(一) 品种特性

二红袍又叫大花椒、油椒。该品种树势中强,树姿开张,分枝角度大,树冠圆头形,盛果期树高 2.5~5.0 m,萌芽力强,成枝力较弱,主干颜色为灰色。当年生新梢绿色,1 年生枝褐绿色,多年生枝灰褐色,多下垂,枝条皮孔较稀。皮刺基部扁宽,尖端短钝,并随枝龄增加,常从基部脱落。奇数羽状复叶互生,小叶 5~9 枚,叶卵圆形,叶形指数大,叶片较小,长×宽平均值为 29.4 mm×17.4 mm,叶片较薄,叶片绿色略深,介于大红袍与白沙椒间;小叶微内卷,叶缘缺刻不明显,叶味较浓,叶片腺点小而少,排列无规律;叶表面光滑,复叶叶柄有小刺,皮刺较小,基部较窄,密度较小。丰产性强,果穗大且密集,平均穗粒数64.2 粒,果穗较膨松,果柄平均长 3.75 mm;果实颗粒中等、大小均匀,直径

4.5~5.0 mm,纵横径平均值为 5.56 mm×5.01 mm,腺点多,较大且突出,成熟期为 8 月下旬至 9 月上旬。果实成熟时表面鲜红色,具明亮光泽,表面疣状腺点明显。鲜果千粒重 70 g 左右。晒干后的果皮呈酱红色,果皮较厚,具浓郁的麻香味,椒皮色泽较好,经济价值较高,品质优。一般 3.5~4.0 kg 鲜果可晒制 1 kg 干椒皮。

（二）优良特性

二红袍属中熟种,丰产、稳产性强,喜肥、耐湿,抗逆性比大红袍强,适宜海拔 1 300~1 700 m,房前屋后、地埂路旁均可栽植。在西北、华北各地都有栽培,但以四川的汉源、泸定、西昌等地栽培最为集中。

十、米椒

米椒又名构椒、小红袍。树体较矮小,刺稀而小。果小,但出皮率较高,一般 1.5 kg 鲜果可出干椒皮 0.5 kg。香味浓,种子小。白露左右采收。

幼苗枝条皮和皮刺为紫红色,皮刺大小不均,在树干上密布。叶为羽状复叶,叶子窄长而小,每一复叶具小叶 9~17 片,最多可达 21 片。分枝力强。大树枝干皮和皮刺为灰褐色,枝条细弱,皮刺基为椭圆形,皮孔小而密布于大枝且为白色。在凤县凤州盛产。花期 7 月上旬,果实成熟期在 8 月中下旬,果子成熟后鲜果平均横径 4.0 mm,制干率 21%。果较小,为深红色,每千克有干果皮 10.4 万粒左右,果皮肉薄香味差,产量低,但抗寒、抗旱力强,是良好的花椒砧木。主产于河南、山西及河北沿太行山系两侧地区。

十一、小红椒

小红椒也叫小椒子、马尾椒等。该品种树势中等,树姿开张,分枝角度大,树冠扁圆形。盛果期树高 2~4 m。当年生枝条绿色,阳面略带红色,1 年生枝条褐绿色,多年生枝条灰褐色。皮刺较小,稀而尖利。叶片较小且薄,叶色淡。成熟果实鲜红色,果柄较长,果穗较松散,果实颗粒小,直径 4.0~4.5 mm,大小不太均匀,鲜果千粒重 58 g 左右。果实 8 月上中旬成熟,成熟后的果皮易开裂,成熟不集中,采收期短。晒干后的果皮红色鲜艳,麻香味浓郁,特别是香味浓,品质优。一般 3.0~3.5 kg 鲜果可晒制 1 kg 干椒皮。

小红椒属早熟品种,品质好,丰产,但果实成熟时果皮易开裂,成熟时需立即采收,栽植面积不宜太大,以免因不能及时采收造成大量落果,影响产量和品质。现华北地区各省都有栽培,其中以山西的晋东南地区和河北的太行山区栽培相对集中。

十二、血玉椒

(一)品种特性

血玉椒颜色鲜艳、颗粒饱满、麻味醇正、香味浓,不仅叶面上麻味浓,果实麻味持续时间长达 1 年之久。果皮薄而软,在沸水中易消失。加工后果实色泽原样不变,在市场上每千克售价比金江青椒、大红袍等都要高一倍多。血玉椒较耐寒,它的叶片不易凋谢,本地椒春末萌芽,进入 8 月叶片早已落光;而血玉椒开春萌动长叶,11 月叶片才开始枯黄凋落。血玉椒适应性强,不论炎热之地,还是较温凉的山区都适宜种植,特别在海拔 1 600~2 300 m,酸性或微酸性的土壤上种植最为适宜。由于其根系发达,在贫瘠的山地上也能良好生长,凡是能种玉米的温凉地区均能种植血玉椒。这是经济落后地区种植业中经济开发较好的"短、平、快"项目,具有较好的经济效益。

(二)栽培要点

血玉椒于 8 月末移栽为宜。挖定植塘 70 cm×70 cm,株行距 3 m×4 m,每植塘内施腐熟的农家肥 5~8 kg,盖土后栽苗覆土,浇足定根水。追肥宜在春季未发芽前或秋季摘果后进行,每株施农家肥 15 kg,配合氮、磷、钾肥,比例为0.5∶1∶0.2,混匀后在离茎 50~70 cm 处挖深沟(深度为 50 cm)施肥。每年进行一次修枝整形,一般在摘椒后进行,去弱枝留强枝。

十三、正路椒

正路椒又叫南路花椒、娃娃椒、油椒、子母椒、双耳椒。该品种为落叶灌木或小乔木,树高 3~7 m。树势中庸,树冠开张,枝条较短而密,新梢绿红色,树皮黑棕色,上有瘤状突起。奇数羽状复叶,互生,小叶 5~11 片,较小,无柄,纸质,椭圆形或近披针形,叶缘锯齿不明显,刺细长,齿缝有透明腺点,叶柄两侧具皮刺。叶轴多有小刺,全树多皮刺。聚伞状圆锥花序顶生,单性或杂性同株,蓇葖果,种子 1~2 粒,圆形或半圆形,黑色,有光泽。果实成熟时鲜红色,果皮有疣状突起,干后紫红色,果大肉厚,果皮横切面厚约 1 mm;果面密生突起半透明芳香油腺体,内果皮滑,淡黄色,薄革质,多数与外果皮分裂而卷曲,香味浓郁,味麻而持久,质量好,产量高。7~8 月成熟,制干率较高,4~5 kg 鲜果可制 1 kg 干椒皮。在海拔 700~2 700 m 均有栽培,甘肃、山西、陕西、河南、四川、山东等省为主产区。

正路椒实生苗 3~5 年可结果,8~10 年进入盛果期。盛果期株产干椒 2 kg 左右。果实麻味素含量高、油质重、香气浓郁,品质上等。盛产于汉源、冕宁等县,具代表性的花椒为:清溪椒(又称贡椒)、富林椒,颗粒饱满、色艳肉厚,麻香味浓,在汉源境内栽种于海拔1 600~2 000 m的向阳坡上,其中位于大相岭西侧牛市坡之地的花椒质量最好。在凉山州冕宁境内,由于雅砻江河套,以及牦牛山切割形成的自然独特地理气候,极适合正路椒生长,在海拔1 300~2 700 m均有分布,且颗粒大、肉厚,麻香味醇正、无异味,堪与贡椒媲美,尤其以马头乡岳落口村、健美乡西河村、城关的干海子及彝海镇、曹古乡等地的正路椒品质最佳。其耐寒性较强,在年平均气温8~16 ℃,极端最低气温–18 ℃以上,日照时数1 600 h/a以上,海拔1 000~2 600 m,降水量700~1 000 mm范围内生长较为适宜。

十四、高脚黄

高脚黄又名高脚红、野椒子。植株生长健旺,适应高山栽培,树大刺小,果穗较大,其果梗长,便于采收。出籽率及种子含油量都高。果实呈红橙色或橙红色,芳香油腺体略带异臭味,油少味麻,粒小肉薄,色淡略臭,回味稍苦,经济价值较低,但因其抗病虫的能力和对自然环境的适应性都很强,是正路椒、大红袍花椒的理想砧木。其果实颗粒稍小,色淡红或黄褐色,开口较小,肉薄(果皮横切面厚约0.5 mm),表面精油腔稀且小,果梗红长,油气小,味麻,异臭味较重。

高脚黄花椒属于野生品种栽培利用,在凉山州各县均产,盐源、木里、金阳、德昌4县较多,在冕宁主要分布在海拔2 100 m以上区域。

十五、枸椒

枸椒又称臭椒(因其鲜果、鲜叶有一股浓浓的怪味)。其树势强,树形直立,枝条尖削度大,开张角度小,萌芽力较弱(不如小红椒),成枝力强,不易修剪;主干树皮灰褐色,皮刺大而密,皮刺基座大,树干皮瘤多,部分皮瘤为皮刺脱落留下的基座,部分为直接生长的(2~3年生枝条开始长皮瘤);奇数羽状复叶互生,小叶5~9枚,叶片较大(比大红袍大),长、宽平均值分别为40.0 mm、20.2 mm,叶片深绿色(同大红袍),叶片平展,蜡质层厚,表面光滑,叶背主脉有小刺,味浓,腺点大而多;短果枝结果(嫩枝第二年不能结果),果似大红袍;果穗较紧凑,平均穗粒数68.5粒,果柄平均长4.85 mm,果实纵横径平均值分别为5.84 mm、5.51 mm,果色成熟后为红色偏黄;成熟期为9月中旬。该品种丰产,适于立地条件较好且水肥充足的地块,不耐瘠薄,土壤瘠薄易形成"小老树",椒皮风味较差,但粒大、色泽好,栽培不多。

十六、少刺大红袍

山东农业大学与莱芜市林业局(今莱芜区自然资源局)合作选育,2018年3月获得了山东省林木良种证。

母树来自济南市莱芜区东栾宫村25年生花椒园,树高3.6 m,地径10.35 cm,冠幅3.5 m,树冠紧凑,树势强壮,枝条粗壮。

少刺大红袍花椒的主要特征:当年生发育枝及结果枝皮刺退化,仅偶见个别存留极小皮刺;株形开张,树冠紧凑;叶片颜色深绿且肥厚,长势健壮,抗逆性强;果穗大而整齐,单株产量高,采收功效高;果实大,腺体发达,椒皮肥厚,色泽深红或朱红,香气浓郁,芳香油含量高,品质佳;成熟期较晚,8月下旬至9月上旬成熟。

10年生少刺大红袍单株鲜果平均产量12.5 kg、干椒皮产量3.8 kg,对照同龄大红袍单株鲜果平均增量37.4%;出皮率30.0%,椒皮朱红色,含挥发性芳香油3.72%。

十七、女儿椒

女儿椒分布于河北省涉县河南店镇杨庄村,其主要特性为枝条少刺或无刺。该品种树势较强,树形多直立,萌芽力弱,成枝力强;主干灰褐色,当年生枝条灰黑色,新梢上皮刺少而小;奇数羽状复叶互生,小叶数3~9枚,叶片颜色深绿且较厚,叶片基本无刺,叶缘极浅裂,腺点小、稀;果穗膨松,平均穗粒数68.5粒,果柄平均长4.83 mm,果粒大,纵横径平均值分别为5.29 mm、5.51 mm,果实腺点大且明显;成熟后果色分为鲜红色和红黄色两种;成熟期为9月上中旬。该品种丰产性好,椒皮风味浓郁,皮刺少,采收方便,生产上应进一步推广;在当地蚜虫、煤污病发生较重,其他品种特性有待进一步观察。

十八、葡萄山椒

葡萄山椒是日本和歌山县清水町农民从朝仓山椒园发现的芽变品种。

(一)品种特性

树形杯状,枝条较开张,生长势中等偏弱。萌芽力中等,成枝力强,有少量皮刺且分化严重,可分为少刺、中刺和多刺3个类型。皮孔多且密。当年生枝条灰褐色,新梢顶端小叶略红。奇数羽状复叶,小叶对生。叶片较小,长、宽平均值分别为2.93 cm、1.00 cm,小叶多为11~17枚,沿叶轴微向内纵卷,叶片边缘锯齿明显。

(二)主要经济性状及生长结果习性

果实椭圆形,较大,鲜果千粒重93.07 g,干椒皮平均千粒重17~23 g。果皮较厚,厚1.1~1.4 mm,出皮率20.89%。果实纵横径平均值分别为6.75 mm、5.20 mm,果皮鲜红色。每个小穗轴着生1~3粒,每个果穗最多着生133粒果实。果皮精油含量高,每100 g果皮含精油8.0~12.3 mL,是国内花椒的3~4倍。早花早果性强,第二年即可开花结果,成花株率达26%,且坐果率高。丰产性强,10年生单株椒皮收获量为3.0~3.5 kg,亩产150 kg左右。果实10月上旬成熟。

(三)适应性

葡萄山椒喜温暖、湿润的气候条件,要求土壤为肥沃的壤土或沙壤土,保水性强,排水良好。夏季过于干燥、少雨地区不太适宜种植,容易造成果实青枯。土壤过于干燥时,要有遮阴措施。最好采用喷灌的灌溉方式。树体耐寒性、耐热性、耐病性中等。适宜栽培区域为河北省石家庄以南地区,最佳栽培区为山东半岛及长江流域。

十九、朝仓山椒

日本兵库县农民从野生朝仓花椒园发现的芽变品种。树姿较直立,枝条粗壮、密集呈抱头状生长,萌芽率高,成枝力强;新梢上部绿色,下部为棕色;树皮光滑无刺,皮纹纵裂较小但细密,皮孔稀而少;叶柄长1.3 cm,叶片较大,长、宽平均值分别为3.05 cm、1.58 cm,表面有皱褶不光滑,小叶多为9~13枚。果实圆形,较大,脐部有一小突起,果实纵横径平均值分别为5.36 mm、4.36 mm,果皮暗红色。鲜果千粒重66.78 g,果皮厚0.9~1.2 mm,果皮精油含量中等,每100 g果皮含精油6.0~10.7 mL,是国内花椒的2~3倍。干椒千粒重14~15 g。每个小穗轴着生1~2粒果,稀有3个。每个果穗最多着生84粒果实。10年生单株产量2.5~3.0 kg。早花早果性中等,定植第三年开花结果,成花株率18%。嫩芽适宜做椒芽菜。果实10月上中旬成熟。

朝仓山椒喜温暖、湿润的气候条件,要求土壤肥沃,管理水平较高,以土层深厚的壤土或沙壤土为宜。适宜栽培区域为河北省石家庄以南地区,最佳栽培区为山东半岛及长江流域。

二十、花山椒

花山椒又名山椒雄株,本品种主要作为葡萄山椒、朝仓山椒、琉锦花椒等雌株的授粉树,另外花蕾还可制作重要的高级料理、花椒酒。嫩芽适宜做椒芽菜。幼树树姿较直立,大树略开张,树势强,树形圆头形。萌芽力高,成枝力强;枝条粗壮,尖削度小,1 年生枝顶部芽基较大,皮孔多而密,表皮纵裂明显,呈长条状,无皮刺。叶片表面光滑,新梢嫩叶黄绿色,顶端红褐色;叶片中等大小,长、宽平均值分别为 3.56 cm、1.52 cm。奇数羽状复叶,小叶 13~15 片。

花山椒喜温暖、湿润的气候,容易积雪及风口地带不适宜栽培。1 月最低气温不能低于-15 ℃,且低温持续时间不能过长,否则容易发生冻害和抽条。适宜栽培区域为河北省石家庄以南地区,山东半岛及长江流域是最佳栽培区域。

二十一、清椒

清椒俗称川椒、小叶花椒、小刺花椒。产于四川汉源亚热带气候区。株高 2 m 左右,全树多皮刺。此品种结果早,丰产性强,一般 2~3 年开始开花结实,5~7 年进入盛果期。其基本特征是果实椒粒上并生 1~2 粒未受精发育的小红椒,故亦称为娃娃椒或子母椒。实生繁殖变异小,品质优,果实粒大,色丹红、芳香、麻味足,居花椒之冠。在栽培中改为嫁接,适应性更强且变异更小,还能提高产量、品质。它是正路椒品种的实生变异品种,两者区别仅是附生小椒粒的有无。品种特点:种性稳定、早熟、丰产性好,抗逆性强,适应性广。果大、肉厚,芳香味浓郁,品质上乘,古时作为皇宫及朝廷的佳肴调料,故亦称贡椒。

二十二、南强一号

南强一号是新品种的花椒树,落叶灌木,最高能长到 7 m。它的茎干上有增大皮刺,枝条呈灰色或褐灰色,树皮上有很多细小的皮孔。南强一号每年 4~5 月开花,8~9 月或 10 月结果,结果量很多。南强一号出芽率在 70% 左右,播种后每亩地的产量在 5 万株以上,养护得当时每亩地的产量会更高。

南强一号多生长在海拔 2 500 m 的坡地,有的也生长在海拔很高的山地或平原中。南强一号具有很强的耐旱能力,对水分的需求量不高;适应性很强,对环境的要求不高,我国南北方都有栽培。

二十三、灵山正路椒

以常见栽培品种正路椒、大红袍、高脚黄为基础选育材料,通过群落、单株选优对比,在雅砻江、安宁河流域进行区域试验,并对凉山州内早年就有引种灵山正路椒的几个县进行了区域引种试验比对,筛选出高产、优质的花椒品种灵山正路椒。

灵山正路椒树势中庸,生长迅速,3年生树冠幅可达3 m;5年生树基径可达12 cm,冠幅可达4 m。一般主枝5~9个;主枝分枝角度为30°~45°,枝条披散下垂。主枝从基部或距地面10~30 cm处分枝,呈丛状,树冠圆头形;树干、主枝灰褐色;皮刺小,呈垫状突起。果穗为圆锥形,果实近圆形,果穗长度为3.0~8.1 cm,果穗宽4.3~7.5 cm,平均穗宽5.1 cm。每穗结果数为35~71粒,平均穗粒数56.5粒;果实直径3.1~5.8 mm,平均直径4.8 mm,鲜果千粒重59.7 g,干椒千粒重14.9 g,整株鲜椒产量可达15 kg/株。该品种果穗大,果实数较多,果实红,无杂色,香气更浓郁,是一个本土特色品种,且遗传性状、产量稳定。多年观测表明,灵山正路椒抗病虫害能力强于大红袍等,如锈病、根腐病、蚧类、蚜虫、天牛等危害明显较轻。

二十四、甘肃花椒品种

(一)武都梅花椒

武都梅花椒是武都大红袍中优选的精品。肉厚、粒大、色泽饱满,因3个果粒密生在一起,成熟开裂时状如梅花而得名。该品种树势强,树形紧凑,枝条开张度小。多年生枝干灰色或灰绿色,皮刺小而疏。叶片宽大,蜡质层较厚,浓绿色,叶面腺点多而大。果穗紧实,果粒较大,平均鲜果千粒重92.0 g。成熟时果皮全部变红,油腺凸起,果实深紫色,果皮不易开裂,果柄短。味道浓厚,品质好,6月下旬到7月中旬成熟。武都梅花椒于2015年通过甘肃省林业厅(今甘肃省林业和草原局,下同)第八次林木良种审(认)定。

(二)陇南无刺梅花椒

2020年年底,甘肃省首个自主选育的无刺花椒品种——陇南无刺梅花椒通过第十届甘肃省林木良种审定委员会审定,该品种是陇南市经济林研究院花椒研究所自主选育的具有知识产权的花椒品种。

陇南无刺梅花椒属落叶灌木,树势半开张,成枝力强;皮刺红褐色、尖锐;营养枝仅见于基部约1/3范围,较普通梅花椒稀少、窄小;奇数羽状复叶、互生,聚伞圆锥花序;蓇葖果球形,密生疣状突起的腺体,平均穗粒数45粒;果柄中等,果穗着生处一对皮刺退化;果实农历五月下旬成熟,干制开裂后内表面呈金黄色,具有粒大肉厚、油重丹红、芳香浓郁、醇麻适口的特点,品质极佳;喜肥沃、通透性良好的壤土;耐旱,不耐积水,抗病虫害能力较弱。

(三)武都大红袍

武都大红袍为武都地方品种,当地称二红袍。生长势强,树姿直立,枝条开张角度小。枝干灰色或灰绿色,皮刺小而稀疏,叶柄及叶脉均无刺。叶片蜡质层较厚,叶色深绿。果柄短,果穗紧实,果粒较大,腺点大而稠密,果实深紫色,成熟果皮不易开裂。6 年生树平均株产 3.4 kg,较梅花椒味淡,抗涝、抗病性较差。武都地区 7 月中旬至 8 月上旬成熟。武都大红袍于 2013 年通过甘肃省林业厅第七次林木良种审(认)定。

(四)元龙大红袍

因产自天水市麦积区元龙镇而得名,为当地自然实生品种。树势强健,树姿开张;枝干灰色或青灰色;皮刺较小,稀疏。叶片长卵圆形,厚而稠密,叶面腺点较小而多。果穗松散,果粒较大,果柄中等,鲜果千粒重 82.0 g。果皮腺点小,果实红色。8 月中旬成熟。

(五)文县大红袍

该品种树势中庸,树姿开张。多年生枝干深灰色,皮刺少。奇数羽状复叶互生,叶呈阔卵圆形,叶片浅绿色,蜡质层薄。果穗大而松散,平均穗粒数 40 粒。果柄较长,果粒中等,果色较浅,成熟后为淡红色,果皮上腺点多而小。8 月上中旬成熟,较稳产。

(六)秦安大红袍

秦安大红袍当地又称伏椒。树势强健,枝条开张角度较大,萌芽力强,成枝力较差。多年生枝干深灰色,皮刺小。奇数羽状复叶互生,叶卵圆形,叶色深绿色,蜡质层薄。果柄短,果穗大,紧实成串,果实腺点较大,密且突出。果实成熟后红色,丰产性好。8 月下旬成熟。

(七)临夏刺椒

该品种为临夏州地区实生地方品种,因果实成熟后易开裂,当地农民也称之为伏椒、炸椒。该品种生长势较强,树姿开张,萌芽力、成枝力强。枝干灰绿色或灰褐色,皮刺密集且基本呈倒三角形。叶片薄软细小,叶色深绿。果柄短,果穗松散,果粒小而密,果皮表面密布小腺点。7 月上旬成熟,花期早,易受冻。麻味浓,品质高,但产量较低,抗旱、耐瘠薄。果实晒干后开口向上。临夏刺椒于 2007 年通过甘肃省林业厅第四次林木良种审(认)定。

(八)武都八月椒

该品种为武都实生地方品种,为优良砧木树种。树势旺盛,生长量大,根系发达,花芽分化率高,坐果率高。果实颗粒大,颜色较浅。丰产性稳定,抗逆性极强,感病率较低,树体寿命长。花期晚,抗严寒,能避免倒春寒晚霜冻害。果实有膻味,但其他品质与武都大红袍相似,是武都大红袍嫁接改良的首选砧木品种。经测定,武都大红袍与武都八月椒进行嫁接改良,大红袍品质更好、产量更高、树体寿命更长。8月底9月初果实成熟。武都八月椒于2013年通过甘肃省林业厅第七次林木良种审(认)定。

(九)秦安八月椒

该品种树势强健,树姿开张,树形自然开心形。叶色深绿,叶大而厚,有光泽,油腺点不明显,皮刺较大。叶正面和背面均有不规则小刺。抗涝、耐旱、耐寒、耐瘠薄,适应性强,特别是抗寒性好。喜肥水,根系发达,适生范围广,是优良的花椒改良砧木品种。

(十)临夏绵椒

该品种为临夏自然实生地方品种,当地农户也叫其秋椒。临夏绵椒生长势强,主干直立,树体较高,萌芽力和成枝力强。枝干灰绿色或灰褐色,皮刺多偏向一侧,小而密。叶片薄软细小,黄绿色。果穗松散,果粒小而密。7月中下旬成熟,果实成熟后呈淡淡的粉红色,晒干后张口向四周散开。该品种抗干旱、耐瘠薄、耐寒性强,不易受冻。品质比临夏刺椒稍次,产量比临夏刺椒高,也较稳定,是优良的花椒改良砧木品种。

第二节　青花椒

一、汉源葡萄青椒

汉源葡萄青椒是在内竹叶花椒优良地方资源中发现并选育的能适应高海拔的青花椒新品种。2006～2013年在汉源县和丹棱县的区域试验中表现突出:定植2～3年后开花结果,丰产性好,抗旱、抗病和抗寒能力较强。2014年4月通过四川省林木品种审定委员会认定。

(一)品种特征

该品种树势偏强,树形为丛状或自然开心形。树高2～5 m,冠径2～5 m,大者可达8 m。树干和枝条上均具有基部扁平的皮刺;枝条柔软,呈披散形。叶片为奇数羽状复叶,互生,小叶3～9片,披针形至卵状长圆形,叶缘齿缝处有油腺点。聚伞状圆锥花序腋生或顶生,花期为3～4月,果期为6月至8月下旬,种子成熟期为9～10月,随海拔和气温不同略有差异。果穗平均长9.8 cm,平均穗粒数73粒。果实为蓇葖果,平均直径5.61 mm,表面油腺点明显,呈疣状。果粒大,皮厚,果实成熟时果皮为青绿色,干后为青绿色或黄绿色,种子成熟时果皮为紫红色。干椒千粒重18.91 g。种子1～2粒,呈卵圆形或半卵圆形,黑色有光泽。定植2～3年后投产,6～7年进入盛果期,此时树冠投影面积鲜椒产量达 1.325 kg/m²，连年结实能力强且稳产性好。多年来在海拔 ≤1 700 m 地区未见冻死植株，偶见枝条先端幼嫩部分有冻伤；在极度干旱下叶会脱落，但适时补水后植株仍能恢复正常；栽培区未见根腐病等致命性病害。

（二）栽培技术

汉源葡萄青椒适宜在干热干旱和湿热多雨地区海拔 1 700 m 以下，年均气温 16 ℃左右，年日照时数 1 100~1 400 h，年降水量 700~1 200 mm，土层厚度 50 cm 以上，土壤 pH 5.5~8.0，排水良好的丘陵和山地沙壤、黄壤及紫色土区种植。一般椒园种植株行距为 3 m×4 m，矮化密植株行距为 2 m×3 m。定植后于春季发芽前在地上 40~60 cm 处截干，截口下 15~20 cm 留 4~6 个饱满芽，将树形培育成丛状或自然开心形。栽种时穴施腐熟农家肥 5 kg 和磷肥 0.1 kg。在水肥和温度条件好的地区 6~7 月盛果期采椒，可将结有青花椒的枝条在适当部位短截，再从枝条上采摘青花椒；但若在 8~9 月或海拔高、水肥和温度条件不好的地区则应按传统方法采收。每年中耕除草 3~4 次。根据土壤肥力、植株年龄及生长状况适时施肥；注意叶锈病的防治。

二、鲁青 1 号

2010~2012 年鲁甸县林业局（今鲁甸县林业和草原局）种苗站在全县开展花椒良种选育工作，在鲁甸县小寨镇大坪村田家良子社发现一株实生青花椒树，树龄 13 年，树高 5 m 左右，其主根较发达，侧根多而粗壮，侧枝 2~3 m，最长可达 3 m，9 叶，特别耐旱，4 月开花，7 月下旬至 8 月初采摘青椒，8 月底果实成熟变红。后经子代测定和区域试验，对其生长量、结实性状、产量、品质等进行测定。经过对比试验，根据结实量、果粒大小、抗性等指标，选育出鲁青 1 号。1 年生苗移栽后，2~3 年即开花结实，4~5 年大量结果，丰产性好。果穗平均长 10 cm，每穗有花椒果粒 90 多粒，颗粒大而饱满、紧密，果皮厚，色泽鲜亮，麻味正。5~7 月为鲁青 1 号果粒生长期，8 月初成熟，10 月下旬叶片变黄开始脱落。

该品种适宜种植范围：海拔 800~1 900 m；年平均气温 11~17 ℃，年降水量 600~1 000 mm；≥10 ℃活动积温 3 200~4 500 ℃。

三、金阳青花椒

金阳县独特的地形地貌和典型的立体气候及充足的光热条件，孕育了金阳青花椒颗粒硕大、麻味醇正、清香味浓、油脂含量高等独特品质，是制作榨菜、火锅、川菜必不可少的调味品，先后获得了"国家生态原产地保护产品"

"国家地理标志保护产品"等称号,金阳县也被赋予"中国青花椒第一县""中国青花椒之都"等荣誉称号。

金阳青花椒为落叶小乔木或灌木,属于芸香科花椒属植物,奇数羽状复叶,叶片披针形或卵形,叶缘光滑无锯齿,叶片有腺点(油胞),先端小叶较大,小叶无柄或极短。调查结果表明,复叶的小叶片数与树龄和枝条类型有关。1~2年的幼树,复叶7~9叶;5年树很少9叶,多为3~7叶;10年以上树叶以3、5、7枚为多。营养枝上的叶片为披针形,长、宽分别为6.0~10.6 cm、1.75~5.65 cm,小叶长、宽平均值分别为8.2 cm、2.3 cm;结果枝小叶呈卵形,以3叶为主。营养枝叶片腺点平均17.2个,结果枝叶片腺点平均2个。营养枝叶片腺点是结果枝的近9倍。因其花椒果粒呈绿色而有别于传统的红花椒,果穗大,果实数较多,果实碧绿无杂色,香气有别于红花椒,有着清麻的浓郁。它的特点是味麻欠香,是做榨菜、腌菜很好的佐料。

四、九叶青

九叶青为重庆市江津区科技人员精心培育的花椒良种,该品种因叶柄上有9片小叶而得名。九叶青属喜温品种,土壤适应性广,耐贫瘠,适宜各种土壤,特别是坡地,通常在年降水量600 mm地区生长良好。该品种树势强健,生长快,结果早,产量高,1年生苗可达1.2 m,若成苗定植,翌年即开花结果,株产鲜椒1 kg,第三年单株可产鲜椒3~5 kg。果实清香,麻味醇正。九叶青易受冻害,因此要注意园地选择与越冬防寒。九叶青具有管理粗放、病虫害少、牛羊不啃食等优点,既适宜大面积种植,又适宜家庭零星种植,为西部农村发展经济的好品种。

五、顶坛花椒

顶坛花椒为我国竹叶椒类群的一个新变种,因主产于贵州省贞丰县北盘江镇顶坛片区,且以创建了喀斯特石漠化治理与农村经济建设协调发展的"顶坛模式"而闻名。该品种颗粒均匀,其芳香油含量是四川红椒的近10倍,维生素E含量是四川红椒的近4倍,维生素C含量略低于四川红椒,油分丰富、食味香麻、品质优良,被誉为"贵州第一麻",长期热销于四川、重庆、湖南、湖北、广东、广西等10余省、区、市,具有很强的市场竞争力。顶坛花椒比较适合雨量偏少、光照充足、热量条件较好的喀斯特低热河谷地区推广种植。

(一)品种特性

顶坛花椒为芸香科花椒属的一种常绿灌木或小乔木,与竹叶椒原变种的不同点在于叶片的叶轴及小叶光滑无刺;茎枝多锐刺,枝具皮刺,红褐色,皮刺基部多宽扁。一般株高 3~4 m,高者达 5 m 以上,植株高度与栽培环境及土壤水肥关系密切。叶片为奇数羽状复叶,互生,通常为披针形或披针状椭圆形,边缘有不规则的琉璃小钝齿,齿凹处常有一油腺;一般具小叶 5~9 片,少数 3 片或 11 片,小叶在叶柄上对生,长 4~9 cm,宽 1.5~2.5 cm,翼叶明显,顶端中央 1 片小叶最大,基部 1 对小叶最小;叶面稍粗糙,正面深绿色,背面黄绿色,光滑无毛,主脉在叶正面下凹,侧脉不明显,在叶背面中脉明显隆起,侧脉纤细。聚伞状圆锥花序,花序长短不一,腋生或同时生于侧枝之顶,花单性,单被,有小花 20~40 朵,其中雄花 5~7 朵,花丝细长;花被片 6~8 片,卵状三角形,顶端钝尖,长 1.0~1.5 mm,明显超出退化雌蕊,花药圆点状;雌蕊凸起,顶端微裂成弯曲的柱状,雌蕊有心皮 2 个,背部近顶侧各有 1 个油点,花柱斜向背面弯曲。果实球形,成熟时外果皮常为橄榄绿色,干后紫褐色,果皮表面具瘤状突起的腺体。果径 4~5 mm,干后开裂,内果皮淡绿色;种子直径 2~3 mm,种皮黑色,角质,有光泽。

顶坛花椒采用实生苗定植,第 3~4 年初花试果,花期 3~4 月,成熟期 9~10 月。开花期若遇长期的阴雨或严重干旱天气,均会造成大量落花落果。第 5 年进入盛果期,第 9~10 年开始逐步衰退直至枯死,经济寿命期一般为 5~6 年,椒园在定植 10 年后视栽培管理情况需及时更新改造或轮作。顶坛花椒根系分布范围较窄,入土较浅,多在 60~80 cm 土层内。土层深厚则根系强大,地上部生长健壮,椒果产量高、品质好;土层浅薄则根系分布浅,难以忍耐严重干旱。花椒根系耐水性很差,土壤含水量过高会严重影响花椒的生长与结果。种植园应选择在山坡中下部的阳坡或半阳坡。

(二)适应性

顶坛花椒由于长期适应特殊的自然气候环境,是一个喜光、耐热、抗旱、怕冻的品种,无论在形态上,还是在生理、生态学特性上,都表现出一定的特殊性,特别是受当地热辐射影响明显。因此,顶坛花椒特别适合贵州喀斯特干热河谷地区的自然气候环境。一般以海拔 1 000 m 以下,年平均气温 17~20 ℃,年降水量 800~1 300 mm,年极端最低气温 2 ℃ 以上,年日照时数 1 600 h 以上,无霜或少霜的地区推广种植,在年降水量 600 mm 以下或 1 500 mm 以上的地区栽培品质较差。

六、黔椒 2 号

贵州省林业科学研究院花椒课题组在已有花椒资源的基础上，继续收集和研究国内外青花椒种质资源，并开展试种和评价等工作。2012 年进行竹叶花椒产量、品质及抗性调查，获得预选顶坛青花椒优良单株 32 株。2013～2014 年对繁殖的顶坛青花椒优良单株进行品种比较试验及多点试种，2015 年起开始在贵州、重庆和云南等地进行区域试种示范，并测试其适应性。结果表明，顶坛青花椒优良单株子代的果实在外观、皮色和品质等综合性状方面均表现优良，褐斑病和锈病较轻。2017 年 1 月通过贵州省林木品种审定委员会认定，并定名为黔椒 2 号。

该品种为常绿灌木，树势强旺，树姿半开张，树形为自然开心形。奇数羽状复叶，互生，长 9.0～16.9 cm；复叶上小叶 3 片、5 片或 7 片，对生，长 4.0～8.5 cm，通常披针形或披针状椭圆形。茎枝多锐刺，刺基部宽扁，红褐色，小枝上的刺水平抽出，叶轴无刺，小叶背面均无小刺。3 月中旬开花，聚伞状圆锥花序，雄蕊败育。7 月中上旬至 8 月上旬果实成熟，成熟果皮橄榄绿色，少有紫红色。果穗塔形，紧凑，平均穗粒数 51.70 粒。鲜果千粒重 91.64 g，果皮上有明显凸起的圆点状油腺数个；果干后开裂，内果皮淡绿色；种皮黑色，角质，有光泽。果实成熟后易开裂，果皮晒干后呈深绿色。

七、黔椒 4 号

黔椒 4 号为花椒属竹叶花椒，是在贵州省关岭县和贞丰县竹叶花椒优良地方资源中发现的，能在干热河谷地区和低海拔地区背风低洼处栽植。2009～2016 年在关岭县和贵州省林业科学研究院试验林场的区域试验中表现突出，定植 2～3 年后开花结果，丰产性好，品质好，抗旱、抗病虫能力较强。2017 年黔椒 4 号通过贵州省林木品种审定委员会的认定。

该品种为常绿灌木，树势强旺，树姿半开张，树形自然开心形。树高 2.5～5.0 m，冠径 2～5 m。叶片为奇数羽状复叶，互生，长 9.0～16.5 cm；复叶上小叶 3 片、5 片或 7 片，对生，长 4.0～7.6 cm，通常披针形或披针状椭圆形。茎枝多锐刺，刺基部宽扁，红褐色，小枝上刺水平抽出，叶轴无刺，小叶背面均无小刺。3 月中旬开花，聚伞状圆锥花序，雄蕊败育。7 月中上旬至 8 月上旬果实成熟，成熟果皮橄榄绿色，少有紫红色者。果穗塔形，紧凑，平均穗粒数 53.9 粒。鲜果千粒重 92.31 g，果皮上有明显凸起的圆点状油腺数个，干后开裂,内果皮淡绿色。果实成熟后易开裂,果皮晒干后呈深绿色,椒皮麻味浓郁、品质上乘。定植 2~3 年后初挂果,6~7 年进入盛果期。

该品种适宜在干热河谷地区海拔 1 300 m 以下,土层厚度 50 cm 以上,年平均气温 16 ℃左右,年日照时数 1 600 h 左右,土壤 pH 5.5~7.5,土壤质地疏松的沙壤土或壤土上种植。

八、云林 1 号

云南省林业和草原科学院在调查、收集竹叶花椒种质资源的基础上,选育出云林 1 号优良无性系,具有早实、丰产、品质优良、抗逆性强且刺少的特点,其椒果品质可达到或超过国家林业行业标准规定的特级花椒要求。2018 年,云林 1 号优良无性系被云南省林木品种审定委员会认定为良种,适合在昆明市、昭通市及其他气候相似地区种植。

云林 1 号树姿开张,树势旺,树皮灰色,枝条密集,发枝力强,新枝颜色绿色,主干、分枝和结果枝刺少且小;小叶 3~5 片,叶片狭椭圆形,顶端急尖,顶叶发达,叶片腺点 3~7 个,叶片无刺,落叶晚且不完全,春季先开花后展叶;芽绿色,近三角状;果枝率约 95%,果穗中不带叶或少叶。其特性为抗寒性强,刺少且小,果穗大且少叶,果柄短,产量高,品质优良。

云林 1 号果穗长 4~7 cm,每穗挂果 20~150 粒,果直径 0.4~ 0.6 cm,果柄长 0.1~0.3 cm;鲜果千粒重 76.2~93.6 g,干椒千粒重 33.6~40.55 g,去籽干椒千粒重 15.7~21.34 g;干椒水分含量 13.9%~27.8%;干椒挥发油含量 8.7~15.4 mL/100 g。果实颗粒饱满,果皮厚,色泽翠绿鲜亮,密生疣状凸起的油点,气味芳香浓郁,麻味浓烈醇正、持久。

九、云林 2 号

云南省林业和草原科学院在调查、收集竹叶花椒种质资源的基础上,选育出云林 2 号优良无性系,具有早实、丰产、品质优良、抗逆性强且刺少的特点,其椒果品质可达到或超过国家林业行业标准规定的特级花椒要求。2018 年云林 2 号优良无性系被云南省林木品种审定委员会认定为良种,适合在昆明市、昭通市及其他气候相似地区种植。

云林 2 号树姿开张,树势旺,树皮灰色,枝条密集,发枝力强,新枝颜色绿色,主干、分枝和结果枝刺少且小;小叶 3~5 片,叶片狭椭圆形,顶端急尖,顶叶发达,叶片腺点 2~5 个,叶片无刺,落叶晚且不完全,春季花叶同期萌动;芽绿色,近三角状;果枝率约 95%,果穗中带叶,果皮上腺体多。其特性为抗寒性强,刺少且小,果柄较长,果穗大,产量高,品质优。

云林 2 号果穗长 5~6 cm,每穗挂果 20~140 粒,果直径 0.4~0.5 cm,果柄长 0.4~0.5 cm;鲜果千粒重 82.4~107.78 g,干椒千粒重 29.59~35.06 g,去籽干椒千粒重 14.25~18.2 g;干椒水分含量 9.55%~12.78%;干椒挥发油含量 8.46~11.4 mL/100 g。果实颗粒饱满,果皮厚,色泽翠绿鲜亮,密生疣状凸起的油点,气味芳香浓郁,麻味浓烈醇正、持久。

十、顶坛花椒变种

根据顶坛花椒种群个体相对稳定的形态、生长发育期及经济性状特征,初步将该花椒划分为 3 个品种。

(一)大青椒

植株高大,高可达 5~7 m,枝叶生长茂盛,叶长卵形,小叶椭圆形,先端稍钝,叶片多腺点;枝干青绿色,枝刺小短,稍稀疏;秋梢挂果,结果枝条多,果序多生于果枝条的中下部或近腋生;果穗大,果实多,产量高,10 年龄单株产量可达 35~40 kg;晚熟,8 月中旬果实开始成熟,10 月上旬生理成熟,实生苗 4 年开始挂果,7 年进入盛果期,结果期可长达 17~20 年;性喜深厚、肥沃、排水良好的沙壤土或壤土,生长旺盛,须加大修剪强度;果皮含油丰富,香麻味浓,为优质高产的优良品种。

(二)团椒

树形稍大,一般高达 3~4 m,冠幅大,长枝多,小叶多长椭圆形,先端渐尖,叶片边缘多腺点;枝刺基部宽而短,钝尖;果序少,常着生于果枝端部,使果枝下垂;果序上果实密集成团,果穗长达 5 cm;产量较差;晚熟,8 月中旬果实开始成熟,9 月上旬生理成熟,实生苗 3~4 年挂果,5 年进入盛果期,结果期长达 12 年;耐旱,适宜生长于中等肥力的壤土;果皮含油丰富,香麻味足,为品质较好的品种,但挂果率低,产量较低。

(三)小青椒

植株较矮小,高 2.0~2.5 m,冠幅较小,枝条稍稀疏,枝刺及刺长而尖;叶卵状椭圆形,小叶长尖,叶缘及叶面有腺点;聚伞花序散生于枝条,花少,2~10 朵,无明显花果枝;果穗疏散,果径不均匀,产量较低;果成熟期早晚不一;实生苗 3 年挂果,4~5 年进入盛果期,早衰,结果期仅 7 年左右;极耐旱,可生长在瘠薄的土地上。

第四章　花椒繁殖技术

花椒育苗有播种育苗、嫁接育苗和扦插育苗。

第一节　花椒播种育苗

一、种子采集及处理

(一)种子的选择与采收

1. 采种母树的选择

采种母树选择生长在地势向阳、品种纯正、生长健壮、丰产稳产、品质优良、适应性强、无病虫害、盛果期的果树做采种母树(树龄在 10~15 年)。

2. 采种时期

当花椒充分成熟即果实外皮深红色或黄红色,油腺凸起透明、种子黑亮、果仁饱满,有 2~5 果皮开裂时采收。采收最好在晴天中午进行。一般小红椒在立秋时节采集,二红椒、白沙椒在处暑时节采集,大红袍在白露时节采集。采集过早的种子成熟度、发芽率低,不宜使用。

3. 种子收集

将采下的果实薄薄一层摊放在屋内,要求屋内通风、干燥、背阴,无鼠害,每天翻动 2~3 次。当果皮全部开裂时,抖落种子,或小棍敲击后,使种子从果皮中脱出,除去果皮及杂物,得到净种,摊放在阴凉处充分阴干。切记种子不能在水泥地面上暴晒,以免烫伤种胚降低发芽率。暴晒的种子发芽率低,强光下暴晒 1 h 发芽率降低一半,暴晒 1 d 后发芽率降到 5% 以下。留种子的鲜花椒不能用烤椒机烘干,会影响出苗。花椒最好就地育苗,就地采种。如果在外地采种,要就地进行水选,除去空粒,减少运输量。用 25% 碱水脱脂,阴干后用小袋包装运输,以保证种子的发芽力。

(二)种子贮藏

1. 牛粪拌种

用新鲜牛粪 6~10 份,与花椒种子 1 份混合均匀,放在阴凉干燥的地方;也可将牛粪与种子拌和好后,埋入深 30 cm 的坑内,上面盖 10 cm 厚的土,踏实后覆草,翌年春季取出打碎牛粪块播种,或用温开水泡开后播种。或者用种子1份、牛粪2份、黄土2份混合均匀,加水做成泥饼阴干,放在阴凉、干燥、通风的室内贮藏。

2.小窖贮藏

选择土壤湿润、排水良好的地方,挖口径1 m、底径0.4 m、深0.8 m的小窖,种子放进后摊成10~15 cm厚的种子层,上覆土10 cm,充分灌水,等水下渗后,再盖一层3 cm的湿土,窖顶覆些杂草。翌年春季,种子膨胀裂口时即可播种。

3.草木灰贮藏

秋天用3~5倍于种子的草木灰加水搅拌均匀,进行堆集贮藏,并经常保持湿润。

4.缸罐贮藏

将阴干的新鲜种子倒入罐中,上面加盖,放于阴凉干燥室内,也能保持发芽能力。

5.土坯干藏法

把1份种子加1.5~2份壤土,掺和拌匀,加水湿润,做成薄泥坯或抹在背阴墙上,做成的泥坯也应当放在通风、阴凉、干燥的室内阴干。

(三)种子处理

花椒秋播种子的处理,一般先将种子浸在水中漂洗,捞出空的和坏的种子,再进行处理。主要的处理方法有以下几种。

1.洗衣粉脱脂法

100 kg种子,用洗衣粉3 kg,加温水,将要处理的种子倒入洗衣粉溶液里,用木棒等反复捣搓,搓至种皮的亮黑色变成褐色为止;浸泡2 d后用清水冲洗,去净皮上油脂,使外皮失去光泽,再用清水浸泡3~4 d,每天换1次水,捞出、装袋,放在温暖处,种皮发白或芽子萌动时即可播种。

2.碱水浸泡法

将种子放在2%的碱水或洗衣粉溶液里,除去秕种,浸泡2 d,搓洗掉种皮上的油脂;也可用草木灰水揉搓,去掉种皮上的油脂。捞出后用清水冲洗干净即可。

3.开水烫种法

将花椒种子放入容器中,加入100 ℃开水,边加水边搅拌。待水温降至40~50 ℃时,每千克水滴5 mL洗洁精,浸泡约12 h后,将种子捞出,用同样方法再浸泡约12 h。种子充分吸水后捞出,再进行精选,去除秕种、破粒、烂粒,用清水冲洗 2~3 次。

(四) 种子催芽

1. 沙藏催芽

将脱脂处理后的种子与 3 倍的湿沙混合,放在阴凉背风、排水良好处挖好的沟内,每 10~15 d 倒翻 1 次,在播种前 15~20 d 移到向阳温暖处堆放,堆高不超过 30~40 cm,盖以塑料薄膜或草席,洒水保湿,1~2 d 倒翻 1 次,萌动时播种。

2. 激素处理

将处理过的花椒种子倒入浓度为 400 mg/kg 的赤霉素水溶液中浸泡 24 h,打破休眠,提高种子萌发率。花椒种用清水漂洗后装入布袋中,在 30 ℃ 的黑暗条件下催芽,待种子露出 3~5 mm 胚根时即可播种。

3. 开水烫种

将种子倒入容积为种子 2 倍的沸水中,搅拌 2~3 min 后取出,然后每天用温水浸泡,经 3~4 d,如有少量种皮开裂,即可从水中取出放在温暖处,盖上湿布,1~2 d 后有白芽突破种皮便可播种。

二、花椒播种技术及管理

(一) 苗圃地选择

花椒喜温,尤喜土壤深厚、肥沃、湿润的沙质壤土,在中性或酸性土壤上生长良好,在山地钙质壤土上生长发育更好。因此,要选择交通便捷、地势平坦、水源方便、排水良好、土层深厚且土壤结构疏松的中性或微酸性的无危险性病虫害、无污染的壤土或沙壤土地块为育苗地。选农耕地为育苗地时,前茬作物切忌为白菜、玉米、马铃薯等须根系作物,宜选择豆类等直根系作物或经过伏耕冬灌的间歇地为好。沙质土、黏重土壤和盐碱度偏高的土壤,不宜选作育苗地。

(二) 整地

播种前要事先对苗圃地进行深翻、平整,通常翻耕深度以 35~40 cm 为宜,每亩撒施优质农家肥 5 000 kg、碳铵 50 kg、磷肥 50 kg,整地做畦,做成宽 1.5~2.0 m、长 10 m 的苗床,播前浇 1 次水。通过整地,能消灭苗圃地的杂草和病虫害;加深耕作层,促进深层土壤熟化;加强土壤的透水性能,提高蓄水和保水能力;同时改善土壤的状况,为微生物活动创造有利条件,加速土壤养分转化,使不溶性的物质转化为可被苗木根系吸收利用的可溶性养分,不断满足苗木生长发育的需要。

(三)播种时间

适时播种是培育壮苗的重要环节,它关系到苗木的生长发育和对恶劣环境的抵抗能力。花椒播种可在春、秋两季进行。

1.春播

春播的种子要进行沙藏或脱脂处理,种子萌发对土壤墒情要求较高。对于春季降雨较多、土壤湿润或有灌溉条件的地方可以采用春播。一般在早春土壤解冻后及时播种,播前 7 d 进行种子处理。经过沙藏处理的种子,一般在春分前后(3 月中旬至 4 月上旬)播种为宜。每亩播种量 6~8 kg,覆土 1 cm,然后覆草保持苗床湿润 3~4 d,出苗后揭去覆草。

春季是育苗的一个重要季节。春播从播种到幼苗出土时间较短,可减少播种地的管理工作;播种后随着气温回升,土壤温度、湿度适中,利于种子发芽和出土,此外可避免寒冷的危害。春播时间宜早,早春播种幼苗出土早、整齐、生长健壮、抗旱力强;迟播幼苗出土晚,易遭日灼之害,且生长时间短,苗木当年达不到出圃规格的要求,会降低苗木的产量。

2.秋播

秋季播种分早秋播和晚秋播。

1)早秋播

早秋播在 8 月中下旬进行,种子在采收后,不必晾晒,过水淘汰空粒后装在透气的袋子,堆放 4~6 d,1 d 翻袋 1 次,种子表皮发白时播种,10 d 后即可出苗。早秋育苗适宜于比较温暖的地方,尽量提前播种,延长苗木冬前生长期,保证苗木安全越冬。

2)晚秋播

晚秋播在 10 月中旬至 11 月上旬土壤封冻前播种。播前用水将空粒分拣出来,其余装袋堆放 2~3 d 播种。冬前不出苗,春季温度回升时趁墒出苗。由于花椒种子秕粒较多,约占 40%,所以直接播种时,只有加大播种量才可满足出苗率的要求。为使出苗整齐,可将种子用清水漂选。经过清水漂选的种子每 667 hm² 播种量宜达 100 kg,直接播种时每 667 hm² 播种量为 200 kg 左右。

采用春播或秋播应根据当地的土壤、气候条件和种子的特性决定。在土壤理化特性较好、湿度适宜、冬季较短而不严寒的地区,宜采用秋播,种子能在田间安全完成后熟。农民有这样一句谚语:"花椒种子土里捂,不到谷雨不出土",所以花椒苗在谷雨后才出土。秋播种子开春后出苗较早,秋播花椒苗比春播苗早出土 10~15 d,苗木生长时间长,生长快且健壮,出苗整齐,同时还可省去种子贮藏、催芽的工序。山东群众采用"冬播种,春镇压"的技术措施,不仅满足种子对低温和水分的要求,而且"春镇压"使种子与土壤紧密结合,增加种子吸水的机会,提高出苗率。

(四)播种方法

播种分为大田式播种和苗床式播种。播种方法有条播、撒播和点播、机械播种等。

1. 条播

开沟条播,苗床宽 150 cm,长可根据实地情况而定。将苗床底整平,每畦开沟 4~5 行,行距 20~25 cm,沟深 5 cm,播种量 150~225 kg/hm²。将种子均匀撒播在沟内,覆盖一层 2~3 cm 厚的细土,干旱地区覆土可达 5 cm。覆盖后轻轻踩压,以使种子和土壤紧密结合。为了保蓄水分、减少灌溉,抑制杂草生长,防止鸟兽危害,提高发芽率,播种后可用作物秸秆、麦糠或者锯末等物覆盖,有条件的也可以用地膜覆盖。

2. 撒播

耕地深翻浅耙,起垄做畦,畦宽 1.5 m,留 0.5 m 宽作业道。撒入处理过的花椒种子,浅锄或浅旋,使种子入土。

3. 点播

按一定株行距将种子播于苗圃地上。

4. 机械播种

利用小麦播种机,设定一定的株行距进行播种。

(五)播种后管理

播种后的管理措施主要有:播种地覆盖、灌溉、施肥、松土、除草及防除鸟兽、病虫害等。

1. 出苗前管理

出苗前管理主要有覆盖和刮去覆土。苗圃地盖草用以增加土壤湿度,使土壤保持湿润,避免日晒雨淋,防止土表板结和杂草滋生,同时也可避免鸟兽危害。所以,播种后一般都要加以覆盖,以利于种子发芽出土。覆盖材料和覆盖厚度应根据条件而定。用稻草类覆盖,厚度为 1~2 cm 即可;也可用塑料薄膜覆盖。当种子开始出土时,应分期、分批撤除覆盖物。秋冬播种,特别是用种子直播的,因种子含水量大,土壤温度较高,入冬以前即有苗木出土,要覆盖保护以防冻害。苗床要保持湿润,开春后要及时检查种子发芽情况,如见少数种子裂口,即可将过厚的覆土刮去一部分,保留 2~3 cm;经 5~7 d 后,种子大部分裂口,再第二次刮去覆土,只剩下覆土 1 cm 左右,这样苗很快就会出齐。

如春播经过催芽的种子,播后4~5 d即可刮去部分覆土,剩余覆土1 cm,这样3~4 d幼苗可出土,10 d左右出齐。此法适用于易遭春旱的地区。一般播后15~25 d幼苗开始出土,苗高4~5 cm时进行间苗,若有缺苗现象,可于4~6片真叶长成时移栽。苗高10 cm左右定苗,一般株距8 cm左右即可。1年生苗高达70~100 cm时即可出圃。

2. 出苗后的管理

(1)除膜、通风。

地膜覆盖的一般15~20 d就可出齐苗。苗出齐后,为防止高温灼伤,当膜下温度达到38 ℃以上时,及时在地膜上均匀打孔通风,每平方米30~40个小孔,通风一周后在阴天或傍晚去除地膜。秸秆覆盖要在幼苗2片真叶时撤除。

(2)防止日灼。

花椒幼苗刚出地面时,如遇高温暴晒天气,幼苗尖容易枯焦,需要遮阴,调节地温,减少蒸发。

(3)间苗、定苗。

遵循"留壮去劣,留高去矮,留健去病"的原则,并根据出苗具体情况进行间苗,当出苗较稀疏时,可不予间苗。当幼苗长至4~5 cm时进行间苗。苗高10 cm时,对缺苗地方移栽补苗,然后定苗。定苗时,每8~10 cm留1株,每667 hm²留苗2万~3万株。

(4)中耕、除草。

中耕是苗木生长期间对土壤进行浅层的耕作,人们常把松土称为"无水灌溉"。其效果是:切断了土层毛细管,减少水分蒸发;促进气体交换,给土壤微生物创造适宜的生活条件,提高土壤中有效养分的利用率,促进苗木生长;消灭杂草,减少病常害。杂草危害苗木生长,必须及时清除,松土除草宜结合进行。除草应掌握"除早,除小,除了"的原则。松土除草一年中要进行4~10次。松土深度3~6 cm,随着苗木的长大而加深。即使是用化学除草,床面已没有了杂草,也需经常进行松土,特别是天气干旱、土壤板结时更显重要。

(5)肥水管理。

苗木所需要的水分是通过根系从土壤中吸收的。苗圃地的土壤水分不能满足苗木生命活动的需要时,就必须进行灌溉。灌溉应根据树种特性和苗木生长发育各个时期的不同要求进行。为了保证苗木生长的水分供应,不能等待苗木出现萎蔫状再灌溉,应根据土壤的干燥情况来决定是否灌溉。一般当表土层5 cm以下出现干燥时就要灌水。花椒播种后覆土踏实,随时浇水。苗木出土后,3~5月苗木幼小,根系分布浅,抗旱能力低,要采用多次浇灌;6~8

月苗木进入速生期后,需水量增加,同时正值夏季天气炎热,苗木蒸腾和土壤水分蒸发量大,要注意及时浇灌。这时苗木根系深入土层较深,可采用少次多量、一次灌透的办法,保证苗木的需水量。9月中旬以后,可停止灌溉,使苗木充分木质化,利于休眠越冬,若此时灌水多会引起苗木徒长,易受冻害。花椒苗怕涝,在雨季到来时,苗圃地要做好防涝工作。

苗圃地育苗,因其密度大、根系活动范围窄,从幼苗到培育成合格的出圃苗期间,需从土壤中吸收大量养分,以满足正常的生长和发育。苗圃地常用的肥料有有机肥料、无机肥料和菌肥3种。有机肥料有厩肥(牛粪、马粪、猪粪)、堆肥、绿肥、河泥、饼肥、人粪尿、火烧土等。无机肥料(化肥)有尿素、硫酸铵、硝酸铵、氯化铵、碳酸氢铵、过磷酸钙、钙镁磷、硫酸钾、氯化钾等。菌肥为固氮菌剂、根瘤菌剂、抗生菌剂等。一般苗圃地施肥有基肥和追肥两种。基肥是苗木整个生长期内营养的主要来源,以腐熟的有机肥料为主。追肥是在苗木生长期内,为满足苗木生长发育最需要养分的时候而施用的肥料。一般苗木前期追肥以氮肥为主,后期以磷钾肥为主。立秋后停止追肥,以免造成苗木徒长,降低苗木质量。

(6)病虫害防治。

从播种到种子萌发出土,再到苗木生长的整个过程中,要及时做好病虫害防治工作。在病虫害防治工作中,要贯彻"防重于治"的原则,以深耕轮作、苗圃地消毒、精选种子、消毒灭菌、适时抚育、灌溉施肥等技术措施促进苗木生长健壮,增加抗病性,预防苗木病虫害的发生。同时,做好病虫害的预测预报,发现病虫害要及早扑灭。花椒苗期地下害虫有蝼蛄、蛴螬、金针虫等,叶片害虫有蚜虫、花椒凤蝶等,可用40%氧化乐果1 000倍液喷雾防治。在一些地方还要注意鸟兽损害,如野兔等危害。

(六)出圃管理

1. 出圃

秋季带叶栽植的苗木,10月上中旬挖苗,现挖现栽;春季栽植的苗木,土壤解冻后,3月上旬进行挖苗;雨季带土挖苗,带叶就近栽植。挖苗前若土壤干燥,需充分灌水,土壤稍干时再挖苗,用锹或镢挖苗,不要拔苗,以免损伤须根。

2. 分级

挖苗后,放在阴凉无风处,按照出圃规格进行分级(见表4-1),并进行打捆。

表 4-1　花椒苗木质量分级

项目	Ⅰ 级	Ⅱ 级	说明
苗高/cm	>70	50~70	苗木要发育充实,芽体饱满,无冻害、无机械损伤及病虫危害
基径/cm	>0.7	0.5~0.7	
主根保留长/cm	>20	15~20	
苗龄/a	1~2	1~2	

3. 修剪

为便于包装、运输,提高成活率,对过长的枝梢进行短截,对过多的分枝进行疏除。

4. 运输

因带叶运输苗木积压导致发热,成活率降低,所以雨季带叶苗一般不做长距离运输,带叶运输要在温度较低的阴天或夜晚,运到后要及时散开。运苗过程中要做好防冻、保湿工作。

三、容器育苗

(一) 容器的种类与制作

容器育苗就是利用某种材料做成各种形状的容器,盛装营养土,或直接利用营养土做成砖形,代替苗床的一种育苗方法。容器育苗生产上常用的容器种类有以下几种。

1. 纸制营养袋

利用废旧报纸、书本纸等制成高 8~12 cm、直径 6~10 cm 的平底圆袋。这种容器栽入林地后,容易腐烂,苗根可以自由伸入土中。国外的纸杯容器最先由日本创制,用于甜菜育苗,后被芬兰用于林业育苗。

2. 塑料薄膜营养袋

利用塑料薄膜做成高 10~15 cm、直径 6~10 cm 的圆筒,不封底,以便造林时将袋褪出。每个营养袋可以使用 2~3 次。目前国外利用塑料制作容器比较普遍,如加拿大的塑料弹壳(呈子弹型)、苯乙烯筒、多孔聚苯乙烯营养砖等。使用这些容器育苗的优点是:成本低,容器可重复使用,利于机械化育苗。但容器体积大,闲置不用时占地较多,栽植速度和成活率尚不够理想。

3. 稻草混泥浆营养杯

制杯时,首先按照高 15 cm、直径 10 cm 的规格,制作一个圆柱木模型(似手榴弹),然后将稻草和泥浆混合,混匀后即卷到圆柱木模型上去,厚度为0.8~1.0 cm,并封上底,随即拔出,晒干即成。

4.营养砖

营养砖是我国华南地区应用最广的一种育苗容器。制砖前,先按一定的规格,制作方格砖模(内有小砖格100个),将营养土拌成泥浆,然后填满砖模,刮平后,再在每个小砖中心压出播种小穴,取出砖模,即成营养砖。在营养土拌泥浆时,必须注意干湿要适宜,在取出砖模后砖不变形。

容器的规格大小对幼苗的生长发育,尤其对根系生长发育有一定的影响。根据各地经验,营养袋的规模依培育的树种和培育的时间长短不同而定,以满足生育期(2~3个月)幼苗生长发育的要求为限。如果营养袋过大,需要土太多,育苗造林费工;过小则苗根容易穿底,起苗时易伤根,造林时影响成活率。因此,确定营养袋的规格大小,要因地制宜,以满足生育期苗木生长发育为限,以经济实用为原则。

(二)营养土的配制

采用什么样的营养土,对苗木生长发育有着直接的影响,是容器育苗成败的关键。容器育苗需要一定的营养元素,故营养土的营养物质成分和数量多少等,都直接影响苗木的生长发育。因此,营养土的配制,要综合培育苗木所必需的氮、磷、钾等多种元素,促使苗木苗壮生长,多采用综合性的肥沃土壤做原料,加入适量的有机肥料和少量的化肥为宜。营养土的配制,可因地制宜、就地取材,充分利用当地的肥源,使营养土的配制既经济又合理,能有效促进容器苗生长的需要。一般配制营养土的方法有:肥土(如山林地腐殖土、菜园地、塘泥等)占60%左右,火烧土占30%左右,腐烂的猪、牛粪干、厩肥和饼肥等占3%~5%,磷肥占1%~3%,然后进行充分拌和而成。花椒营养土的配制,可用6份火烧土、4份腐殖土加发酵后的饼肥配制。

(三)排杯和播种

为了方便管理和统计,一般容器排列成苗床式样,苗床的长度和宽度以便于操作为原则。每床的杯数最好取10的倍数,以方便统计。排杯的地点应选在造林地附近灌溉方便、排水良好的平坦地。做床时,先开出比地面低半杯的床面,然后在床面上排杯。排杯时,要注意用细土填补杯间空隙,以利于保温。床面排完杯后,将掘出的土覆于床的四周,即成高床。排杯前,将营养土装满容器。播种时先将容器内的营养土用水润透,根据种子大小及质量每容器内播种2~6粒。花椒种子经催芽后于3月下旬至4月下旬播种,每营养袋内3~4粒,播种时注意不使种子重叠成堆,播种后覆盖营养土1 cm左右,为了防止表土板结,可再用细锯木屑薄撒一层。

(四)花椒容器育苗的管理

花椒育苗采用塑料营养袋摆置于苗床上。一般选用纯净种子,播种时种子必须经过催芽处理,每袋内播 3~4 粒,播后立即喷水。搭建拱棚,棚内温度保持在 23~28 ℃,相对湿度以 85%为宜。苗进入速生期分 3 次追施氮肥,8 月改施钾肥。当苗木长出第二片真叶时进行间苗,并立即喷水。此期注意虫害,及时发现,及时捕捉或喷施药剂,雨季即可出圃造林。

第二节　花椒嫁接育苗

一、嫁接前准备

(一)嫁接定义及原理

嫁接,是无性繁殖中营养生殖的一种,它是利用植物受伤后具有愈伤的机能来进行的,嫁接时应当使接穗与砧木的形成层紧密结合,以确保接穗成活。接上去的枝或芽,叫作接穗;嫁接繁殖时承受接穗的植株,叫作砧木或台木,它可以是整株树,也可以是树体的根段或是枝段。接穗时一般选用具有 2~4 个芽的苗,嫁接后成为植物体的上部或顶部,砧木嫁接后成为植物体的根系部分。

嫁接原理:林木嫁接繁殖成活,是根据植物创伤愈合的特性,主要依靠接穗和砧木接合部形成层的再生能力。嫁接后,由于自身愈伤激素的作用,形成层薄壁细胞再生分裂,形成了愈合组织,部分细胞分化成新的栓皮细胞,与两者的栓皮细胞相连,从而保证了水分和养分的上下沟通,这样,两个异质部分结合成一个整体,从而形成了一个新的植株。接穗和砧木两者结合面积、结合程度及形成层是否对齐是嫁接成活的关键。嫁接育苗是花椒集约经营育苗的方向,有着广阔的前景。它具有以下几方面的优点:第一,由于接穗采自遗传性状比较稳定的母本树上,因此嫁接以后长成的苗木变异性小,能保持母本的优良特性。第二,能提早结果。嫁接苗比实生苗进入结果期早,当年嫁接的部分枝条能开花结果,多数翌年就能挂果。第三,可以充分利用某些砧木的特性,增强苗木对冻害、干旱或病虫害等的抵抗能力和对土壤的适应能力。

(二)嫁接工具

主要的嫁接工具有嫁接刀(切接刀、芽接刀、自制刀具等)、枝剪、手锯、梯子等。绑扎材料采用塑料薄膜、地膜均可。目前,有专门的嫁接专用保鲜膜,无须打结,透光效果好。

(三)影响嫁接成活的因素

1. 砧穗的亲和力

影响嫁接成活的因素是多方面的,主要有内因和外因。内因是砧木和接穗之间亲和力的强弱和两者的营养状况,以及内含其他物质情况等,外因主要是外界条件和嫁接技术。亲和力是影响嫁接成活的主要因素。所谓亲和力,就是砧木与接穗之间在解剖结构、生理特性,以及新陈代谢方面彼此相同或相近,从而能互相结合在一起的能力。亲和力越强,嫁接越容易成活。影响亲和力的因素表现在砧木与接穗的亲缘关系。一般而言,植物间亲缘关系越近,亲和力就越强,嫁接就越易成活;砧木与接穗的组织结构关系,具体表现在砧木与接穗两者形成层薄壁细胞大小及组织结构相同的程度。

2. 砧木与接穗的互相影响

由于形成愈合组织需要一定的养分,所以凡是接穗和砧木存贮有较多的养分,一般会比较容易成活。砧木选择是一项非常重要的环节,砧木为嫁接提供营养,砧木的选择应该是那些树势强壮、生长健康、无病虫害的植株,且粗度的选择应考虑到接穗。接穗宜选用生长充实、芽饱满的枝条,且采取的接穗要第一时间进行封存保鲜。接穗和砧木接活以后,由于营养物质的彼此交换和同化,相互间必然会发生各种各样的影响。砧木对接穗的影响,主要表现在生长、结果和抗逆性等方面。有的砧木促进接穗生长旺盛,有的砧木则使树冠矮小,有时还表现在对果实的成熟期、色泽、品质和耐贮性等方面的影响。例如,甜橙接在酸柚上,果皮变厚,果味变淡等。花椒砧木,除共砧外,一般是半野生或野生的,它具有抗寒、抗旱、耐涝、耐盐碱、耐瘠薄及适应性强的特性,这些特性对接穗的抗逆性和适应性都有明显的影响。根据四川省的经验,用适应性强和少受虫害的野生竹叶椒作砧木,来增强花椒的适应性和抗虫性,效果较好,而且一般不会造成遗传基础的变异,且仍然保持栽培品种固有的特性。了解砧木与接穗之间的相互影响,主要是为了更好地选择利用砧木的优良性状来影响接穗,以达到增强适应性、扩大栽培区域、提早结果、提高产量和品质的目的。花椒不同类型(或品种)的耐寒性、结实率、品质好坏、寿命长短等不尽相同。一般野生花椒耐寒性强、适应性广,但产量、品质和经济价值低,可利用其耐寒性、适应性等特性,通过嫁接改为优良品种,以提高产量,改善品质,扩大花椒的栽培区域。

3. 外界条件对嫁接的影响

形成层薄壁细胞的分生组织活动产生愈合组织,需要一定温度和湿度,并且是在一定的养分和水分条件下进行的。温度高,蒸发量太大,切口水分消失,不能在愈合组织表面保持一层水膜,故不易成活。湿度是形成愈伤组织不可或缺的环境因素,间接影响了嫁接的成活率。因为接穗是离体的,只有在一定的湿度条件下,才能有生命力,与砧木形成愈伤组织。但是也要在嫁接后调节好接穗周围的湿度,湿度太大,会引起愈合组织通透性不良,呼吸受阻,窒息死亡;湿度太小,会造成接穗过分失水而枯死。因此,嫁接季节的选择非常重要。

4.嫁接时期

花椒的嫁接时间和方法,因地区、品种、地域气候和营养状况而异。

芽接时间:北方地区多在2月上旬至3月上旬,5月中旬至8月中旬,其中2月中旬至3月上旬带木质部芽接最好;5月下旬至6月下旬大方块芽接最好;7月中旬至8月中旬为闷芽接。选择好适宜的嫁接时期对提高嫁接成活率很重要,嫁接的早晚可根据情况灵活选择。嫁接早,当年苗木生长量大,但对当年所育砧木苗来说达到嫁接粗度的量少(可接率低);嫁接晚,当年苗木生长量较小,可接率高。由于6月底后接芽老化,不易带生长点,加之气温太高,采用大方块芽接成活率较低,可采用带木质部芽接的方法进行嫁接。

二、接穗采集

(一)接穗的选择和采集

接穗应在无性采穗圃或采穗园中选择,在尚未建圃或建园之前,接穗应从经过鉴定的优树上采取,否则一概不能作接穗用。接穗要在母树树冠中上部外围、发育充实、芽饱满的枝条上采取。接穗年龄根据不同树种和不同嫁接时期及方法有所不同。春季嫁接,一般采用1年生枝条;夏季嫁接,一般采用芽接,接穗可用经贮藏的1年生枝,也可用2年生枝,也有采用新梢充实、芽头饱满和未萌发的当年生的健壮枝条;秋冬季采集接穗,由于不宜嫁接,必须贮藏。夏季、秋季嫁接,可随时采取接穗,随时嫁接。

(二)接穗质量要求

硬枝接穗在冬季休眠期至萌芽前采集,要求生长健壮、通直、芽子饱满、髓心较小、充分木质化、无病虫危害的1年生发育枝或徒长枝。空心率超过30%、过于弯曲、抽干、病虫枝不能作接穗。接穗采集后一般不要剪截,以免因伤口过多而失水降低质量。对接穗的伤口要进行蜡封处理。生长季节芽接及嫩枝接采用当年的新梢作接穗,要求接穗为半木质化程度较高的发育枝,过于幼嫩的新梢不宜作接穗。

(三)接穗的采集方法

采接穗宜用修枝剪和高枝剪,忌用刀、斧、镰砍削。剪口要平滑,不要呈斜面。一般成龄树采穗与修剪同时进行,所以采穗时要充分考虑各级骨干枝的从属关系,慎重确定采穗量及剪截长度。对于主侧枝的延长枝要从饱满芽处短截,萌发后形成强旺枝,用以扩大树冠;对着生密集、粗度适中的枝条从基部疏除;接穗粗壮且周围有空间时,剪截时要留 5~10 cm 的短桩,以利来年多发枝;对发枝率弱的多年生老桩,要进行重回缩更新。同时注意,禁用背后芽作剪口芽。接穗剪下后要按质量要求进行挑选,拣出过粗枝,剔除病虫枝。将符合要求的接穗按照长度和粗细分为 2~3 个等级,及时装入塑料袋内,防止水分蒸发,应随采随用。对暂时不用的接穗,要装入塑料袋内,置于低温、避光的地方备用。

(四)接穗贮藏、运输

对冬季采集,翌年春季准备嫁接使用的接穗,采集后要 50 根捆成一捆,挂上品种标签,沙藏备用。贮藏时,在背风阴冷处挖深 40~60 cm、宽 80~100 cm 的沟,沟长视接穗多少而定。沟内底层铺 10 cm 厚的湿沙,沙的湿度在 65% 左右,即手捏成团、落地即散。再把捆好的接穗放入沟内,捆与捆之间保持一定的缝隙,填埋湿沙,用湿沙把捆与捆之间隔开,最后在上部盖 30~40 cm 厚的潮土,并高出地面。严禁用塑料布包裹埋藏,以免霉变造成损失。到春季土温回升时,注意检查,防止接穗过湿发芽,影响嫁接成活。也可将接穗短截成 10~15 cm,蜡封冷藏。

对需要长途运输的接穗,要先剔除皮刺,按照品种每 50~100 根绑成一捆,同时,挂上标签,标签要标明数量、品种、采集地点与时间等,然后用湿麻袋包裹,麻袋外同样要挂标签。运输途中注意及时洒水,以保持湿润。

三、嫁接方法

(一)接穗的采集与贮藏

春季嫁接时,在冬季休眠期采集接穗并沙藏。于 12 月底到 3 月初落叶后至发芽前进行接穗采集,采集品种纯正、树体生长健壮、芽体充实、无病虫害、粗 0.6 cm 左右的 1 年生枝条,于 0~5 ℃ 的低温下保存或背阴处沙藏。嫁接前将花椒枝条剪成 5~7 cm 长的接穗,在 95~102 ℃ 的蜡液中速蘸封蜡,于 2~5 ℃ 低温贮藏。不同品种或类型的接穗挂标签标记。

夏季芽接,随时采集接穗随时嫁接。

(二)砧木的选择

砧木对接穗的影响是深远的,因此对砧木的选择是培育优良苗木非常重要的一环。不同类型的砧木对气候、土壤环境条件的适应能力不同,选择适当则能更好满足栽培的目的。选择的砧木应具有以下条件:与接穗有良好的亲和力;对接穗的生长和结果有良好的影响,如生长健壮、结果早、丰产、寿命长等;对栽培地区的气候、土壤环境条件适应性强,如抗旱、抗涝、抗寒、抗盐碱等;对病虫害的抵抗能力强;繁殖材料丰富,易于大量繁殖;具有特殊需要的特性,如矮化等。嫁接用的砧木,应选取生长健壮的苗木。

(三)嫁接时期

适时嫁接是成活的关键。苗木的嫁接时期因树种、地区、气候条件、嫁接方法不同而不同。枝接一般在春季,在砧木的芽开始萌动、树皮易剥开的时候进行。一般树木的适宜枝接时期由北向南逐渐提早。春季嫁接花椒一般在3月初至4月下旬。切接、劈接必须在砧木接穗萌动前进行;插皮接则在砧木萌动后、皮层容易剥离时最适宜。夏季嫁接在新梢半木质化时进行,一般6月上旬至7月上旬为宜。

(四)嫁接方法

花椒的嫁接主要采用芽接和枝接。具体嫁接方法介绍如下。

1.芽接

芽接是常见的一种嫁接方法。其优点是节约接穗,对于砧木粗度要求不高,1年生苗就能嫁接(如花椒用野生竹叶椒作砧木芽接时,粗1 cm左右即可),嫁接时期较长,嫁接技术容易掌握,效果好,成活率高。芽接的形式有"T"字形芽接(盾状芽接)、嵌芽接(方块芽接、片状芽接)等。

(1)"T"字形芽接。

"T"字形芽接适用于1~2年生的砧木。花椒砧木离皮时,在砧木光滑的部位先横切一刀,长约1 cm,再从切口中央向下纵切长1.5~2.0 cm的切口,使其呈"T"字形。砧木切好后,在选定的壮芽上方1.0~1.5 cm处横切一刀,深达木质部,再在芽下面1.0~1.5 cm处,用刀向上削取芽片,稍带木质部。再将砧木的"T"字形切口撬开,将芽片插入,使芽片上方与砧木横切口对齐,用塑料薄膜条自上而下绑好,使叶柄和接芽露出。

(2)嵌芽接。

嵌芽接的优点是芽片与砧木的接触面大,容易成活。在砧木苗上选光滑部位除去周围皮刺,先削芽片,在接穗接芽的上方2~3 cm处下刀,斜向下削,通过芽点,在芽下45°斜向下削一刀,呈楔形芽片;在砧木处理好的嫁接区,斜向下削一刀,长 3~4 cm,略带木质部,再在下部呈 45°斜向下削一刀,取下砧木削片,迅速取下削好的芽片,嵌入砧木接口,对齐形成层,用塑料条自下而上留芽扎紧。形状不符时,至少使一边形成层对齐。

嫁接成活技术要点:选取接穗时必须有饱满芽作穗,芽上下至少带 0.5 cm 的皮部组织;在绑扎时不能对芽有任何损伤。我国北方经过试验证明,在花椒"T"字形芽接过程中,采用倒"T"字形芽接,可使成活率提高到 90%以上。

2. 枝接

(1)切接。

将选好的砧木在离地面 6~10 cm 处剪断,选取其较光滑的侧面,沿着皮层与木质部之间,微带木质部下削 2.5~3.0 cm;将接穗剪成 5~7 cm 长,使其保持 2~3 个饱满的芽,在接穗下芽的背面 1 cm 处斜向下削一刀,削掉 1/3 的木质部,斜面长 2~3 cm,再在斜面的背面削个小削面,长 1 cm 左右,接穗留 2~3 个芽剪去顶部。在砧木上靠一边向下劈开,深度比接穗削面稍长,随即将接穗插入砧木切口,使两者的形成层靠紧;如果接穗比较细,就必须保证一边的形成层对准。切接相对劈接成活率高,但后期需要立支柱绑扎保护。这种接穗削法亦可用于砧木离皮时的皮下接。

嫁接成活技术要点:刀要锋利,削面要平;切入砧木时用力要均匀,带木质部不宜过厚,更不能向外倾斜;形成层要相靠,如果接穗比砧木小,则形成层一端相靠;绑扎要紧,使结合处密接,绑扎得紧往往能弥补因技术不熟练而削面不平的缺点。

(2)劈接。

接穗和砧木粗度基本接近时一般选用劈接。将选好的砧木在离地面 10~30 cm 处锯断,断面宜平,然后沿断面中央纵切 5~6 cm 长的切口;在接穗芽下的侧面 1 cm 处斜向下削一刀,削去 1/3 的木质部,斜面长 2~4 cm。再在斜面的正对面斜削一刀,斜面长 2~4 cm,形成一个楔形,留有皮层的 2 个面呈三角形,接穗留 2~3 个芽剪去顶部。然后在砧木中间向下劈开,深度比接穗切面稍长,将接穗插入砧木的切口中,使砧、穗两边的形成层对准、靠紧,将砧木切口全部绑实。如果接穗较细,也必须保证一边的形成层对准,接穗顶部用蜡封好。

嫁接成活技术要点:此方法比较容易掌握,只要削好接穗,尤其是背面的两刀,紧密包扎,就不难成活。

(3)腹接。

将 1~2 年生的砧木,在离地面 10 cm 左右处,选择其光滑的侧面,以 20°~30° 的斜角,斜削下去,削口深度一侧为 2 cm,一侧为 1.5 cm;将剪成 6~15 cm 长且带有 3~4 个芽的接穗的下端削成 2 cm 左右的楔形削面,随即插入砧木切口内,对准形成层,再进行捆扎和套袋。

嫁接成活技术要点:接穗的长削面角度不宜太大,角度太大则削面短,不利于愈合,必须与砧木上的切口相适应,否则也不能很好结合;由于嫁接部位较高,因此包扎必须严密,以防干燥。

(4)插皮接。

适用于较粗的砧木,在春季树皮可剥离、接穗尚未萌动时进行。将砧木在距地面 20 cm 处削平锯口;将接穗剪成 18~20 cm 长,其下端削成 5~8 cm 长的马耳形斜面,用手指捏开皮部。选砧木光滑的一侧,削去一层老皮,深度以见绿为宜,长、宽与接穗的削面相当。随即将接穗的木质部插入砧木的皮层和木质部之间,让接穗的皮层包在砧木的削面上,使两者密切结合。最后进行捆扎,并用泥土保护结合处。

嫁接成活技术要点:要掌握适宜的嫁接时期,在砧木和接穗的树液充分流动、树皮容易剥开时为好;嫁接操作要轻巧,尽量避免剥伤接穗或擦伤砧木皮部。

四、嫁接后的管理

(一)嫁接当年管理

1. 检查成活率、放风

嫁接成活的标志是芽苞萌动或者叶柄脱落。如果发现芽片颜色变黄枯死,在每个接穗上合适位置保留 2~3 个萌芽,保证抽枝后可继续进行芽接。对于采用枝接的苗木,嫁接后半个月至一个月,接穗逐渐开始发芽,对已经展叶的芽苞要开口放风,将嫩梢头露出,防止护袋里温度过高烧死接穗芽。放风口要逐渐打开,由小到大,分 2~3 次全面打开,不能太早打开或把袋子一次去掉,以免伤害接穗芽。

2. 剪砧

大方块芽接及带木质芽接一样需 2 次剪砧。7 月中旬以前嫁接的,第一次是在嫁接前或嫁接后立即剪砧,在嫁接部位以上留 1~3 个复叶,用来为接芽遮光并为光合作用提供营养。第二次剪砧大概为嫁接后的 15 d 左右,此时嫁接芽开始活动,应将嫁接部位上方约 1 cm 处以上的所有枝条进行剪截,以防水分蒸发影响生长。7 月中旬以后嫁接的,嫁接后不宜剪砧,因为当年萌发抽出的新梢太短,不能充分木质化。

3. 抹芽除萌

嫁接后的砧木上容易萌发大量萌蘖,应及时抹除接芽以外的其他萌芽和萌条,以集中养分供应接芽萌芽和新梢生长。未嫁接成活的植株,可选留 1 条生长健壮的萌蘖,为下次嫁接做准备。抹芽工作要一直到接穗新梢完全占据优势及萌芽不再萌发为止。

4. 解膜

夏季嫁接的接芽或接穗成活萌发新梢后,即可解除薄膜。秋季嫁接的要在翌年苗木发芽前才能解除薄膜。解除薄膜时,要提前观察,待接口完全愈合后解开。用刀片将包叶柄处割一小口后取出叶柄。待新梢长 10~15 cm 时,可将塑料条解除(在接芽背面用刀上下划破即可)。解绑时间不宜过早,避免砧穗折断,影响新梢生长。

5. 绑支柱

当新梢生长到 20 cm 以上时,要及时设立支架或绑好支柱,新梢和支柱呈 ∞ 形绑缚,支柱长度为 1 m 左右,粗度视新梢而定,以免刮风或者下大雨将枝梢折断。绑缚不能过紧,要定期松绑,一般在新梢的生长过程中需绑扎 2~3 次。

6. 摘心定形

8 月下旬至 9 月中旬,应当对生长较快、较旺的嫁接苗进行摘心处理,以促进分枝。争取在圃内就形成良好的幼树雏形,提高苗木的质量。一般新梢长到 1.5 m 时(霜降前 1 个月)可摘心,对促进木质化、增加枝干营养积累、对抗寒越冬、防止抽梢有很好的效果。

7. 水肥管理

嫁接前一周浇一次透水,嫁接后 14 d 内不能浇水施肥,防止嫁接后流伤加大,造成嫁接口处积水量增大,从而影响成活率。嫁接成活后,幼苗生长旺盛,当嫁接新梢长到 10 cm 左右时再开始浇水施肥。前期施肥应以氮肥为主,后期可适当添加磷钾肥,确保树体生长健壮。

8. 中耕除草

嫁接前因母树上去掉了大部分枝条,地里裸露出大面积的空隙,致使树下杂草迅速生长,因此嫁接后的锄草是非常必要的。锄草的次数可根据需要进行,等嫁接苗木枝条长出地面后,树下的杂草就会逐渐停止生长。

9. 病虫害防治

幼苗枝叶幼嫩,易受病虫危害。防治褐斑病、黑斑病、白粉病等,可于新梢长到 30 cm 以后结合喷肥喷 70%甲基托布津 800~1 000 倍液、72%农用链霉素可溶性粉剂 3 000~4 000 倍液、波尔多液 200 倍液 2~3 次,每间隔 15 d 喷施 1 次,药品要交替使用。

虫害主要有金龟子、黄刺蛾及象鼻虫等,可在嫁接前喷施高效氯氰菊酯、辛硫磷等杀虫剂进行防治。

10. 摘除幼果

大部分早实品种和少部分晚实品种嫁接当年会开花结实,嫁接成活的树要及时检查,摘除幼果,以免影响接穗生长。

(二)嫁接后两年的管理

1. 发芽前完成修剪

按照去弱留强的原则和适宜发展树形,确定骨干枝后,重点剪除生长部位不正的下垂枝、交叉枝、病虫枝、损伤枝等,并对骨干枝进行适度短截。按照目标树形做好第一层侧枝和第二层主枝的选留工作。

2. 肥水管理

5 月下旬至 6 月下旬,追肥 1~2 次,以速效性氮肥为主,每公顷追施 150 kg,春、夏季注意灌溉或排水,秋季控水促进苗木充实,入冬后灌 1 次封冻水。

3. 疏花、疏果

嫁接后第二、三年是树体重要的生长发育期,主要任务是长树,并向结果期过渡,不要让树的主要骨干枝顶部结果,空闲部位挂果可以适当保留一些,但要防止结果过多。因此,应及时对雄花和幼果进行疏除,保证树体正常生长。

4. 加强田间管理

及时做好病虫害防治和水肥、除草等田间管理工作。

(三)出圃

1. 适时起苗

坚持随起苗随栽植,在栽植的当天或前 1 d 起苗。秋季栽植在落叶后起苗,春季栽植在萌芽前起苗。起苗前 7 d 左右,应充足灌水,保证苗木水分饱满。起苗深度要达到 20~25 cm ,确保苗木根系完整。

2. 分级捆扎

起苗后要立即对苗木按照国家苗木等级分类标准进行分级,50~100 株一捆绑扎,签发合格标签。

3. 蘸浆、假植

对不能立即栽植或调运的苗木要进行假植。选择排水良好、土壤湿润、背风的地方挖沟,将苗木稍倾斜排列后培土达苗高的 1/2。调运时要对苗木根系蘸浆,使根系全部裹上泥浆以利保湿。

4. 检疫、调运

苗木调运前要实施严格检疫,发现带有国家规定检疫对象的苗木,要立即就地集中烧毁。苗木调运要随车携带国家检疫机关签发的证书。苗木调运时,要对蘸浆后的苗木用麻袋等轻质、坚韧物包装,以防失水。

第三节　花椒扦插育苗技术

花椒采用扦插枝条的方式进行无性繁殖,可以保持母株的优良特性,减少病毒感染概率,培育性状优良的壮株,降低生产成本。扦插繁殖具有时间短、见效快的特点,应严格按照操作规程操作。

一、嫩枝扦插技术

花椒嫩枝扦插具有插穗来源广、生根快、成活率高等特点,并且无性繁殖的苗木比实生苗生长快、整齐,能更好地保持母体优良性状。

(一)插穗的准备

选择健壮的花椒当年生枝条作插条,插条长 8～14 cm,每个插穗留 2 个芽,每个叶柄上留 2～4 枚叶片,基部平切。

(二)扦插时间

6 月 20 日至 7 月 20 日,如温室大棚配有间歇喷雾设备,可在 8 月下旬开始扦插,冬季留床越冬,此时插穗更易获得。

(三)插床

全光雾扦插育苗池或配有间歇喷雾设备的温室大棚,插床高 25 cm 左右,下层铺粗沙或石子以利排水。扦插基质为河沙,0.5%的福尔马林消毒后用塑料布闷 1 d,用水洗净晒干。

(四)插穗的处理

将插穗 20 根捆成一捆,根部对齐浸入浓度为 30 mg/L 的萘乙酸溶液或 GR 生根粉溶液中,深 2～3 cm,浸泡 30 min。然后用 1%的高锰酸钾溶液对插穗消毒。

(五)扦插方法

扦插密度以插条叶面刚刚交接为宜。扦插深度一般以 2～4 cm 为宜。扦插最好在早上进行,随插随喷 1%高锰酸钾溶液,既可保持插条叶面湿润,又可消毒。

(六) 插后管理

保持全光雾育苗设备的正常运行。一般早上 8 时开始喷雾，下午 6 时关闭。喷雾 15 s 间隔 2.5 min。掌握"晴天多喷，阴天少喷，雨天不喷"的原则。插后及时喷药，防治腐烂。喷药一般在下午停止喷水后进行，喷药后 4 h 遇雨应重喷。使用药剂应轮换，常用的农用链霉素和 4-4 式波尔多液效果较好。一般插后 20 d 开始生根，40 d 即可移栽 (也可留床越冬)。生根率在 90% 以上，移栽成活率达 95% 以上。

二、硬枝扦插技术

(一) 整地施肥

育苗地要选择肥力中等以上、地势平坦、非盐碱涝洼地、浇水条件好的地块，深翻 30~50 cm，并施足底肥，使土壤疏松肥沃。

(二) 扶垄覆膜

整好地后，可按 120 cm 行距画线，顺线开沟，向两侧覆土筑成顶宽 70 cm、高 15 cm 的垄床，床面要平或中间稍凸，土坷垃踏实，并拍实垄床两侧坡面，然后在筑好的垄床上用 0.015 mm 的透明农用地膜覆盖，覆盖时要紧贴床面，拉紧覆平，做到地膜平展无皱，与地面之间不留空隙，用土将四周压紧，增温保墒并要经常检查，发现有破损的地方及时用土压紧压严，防止大风揭膜。

(三) 选条、采条

插条应在早春树液未流动前采集，选择无病虫害、生长健壮的幼龄母株，采集 1~2 年生的花椒枝条，此枝条应组织充实，水分、养分充足，生命力强，插后易成活生根。

(四) 插穗处理

先把枝条截成 10 cm 左右的插条，上剪口距芽 1 cm，呈圆形，将插条扎成100 条/捆。在扦插前插条要进行化学药剂处理，即将其置于浓度 200 mg/L的萘乙酸溶液中浸泡 5~10 min。

(五) 扦插时间

2 月上旬至 3 月上旬扦插为宜，在覆膜后的垄床上按行距 10 cm、株距 7cm 规格，将芽眼向上，竖直插入土中，使插条上切口与地面平，插后在每根插条上端用湿土封小堆。

(六) 扒去土堆

插后 1 个月左右破土引苗，将插条上部的小土堆扒掉，并重新用湿土将幼苗四周压严,防止从破膜处漏气而烫伤幼苗。

(七) 抚苗管理

加强幼苗管理,及时灌水、打药防治病虫害等。坚持见干就湿的灌水原则,认真做好追肥工作,以促进幼苗生长。可用尿素或者磷酸二氢钾喷施叶面追肥,浓度为 1 000 倍液,病虫害防治应本着"防治并举""治早""治小"的原则,用乐果 800 倍液喷施防治蚜虫,用 25% 粉锈宁 600 倍液喷洒防治花椒锈病。

第五章　花椒栽培技术

花椒为芸香科(Rutaceae)花椒属(*Zanthoxylum*)的多种植物,是我国栽培历史悠久,分布广泛的香料、油料、药用兼用的经济树种。人们通常说的花椒是指经干制而成的花椒果实的果皮。花椒具有特殊的辛、麻、香味,可去鱼、肉的腥膻味,更兼有增进食欲、开胃之功效,在《中国经济植物志》(1961)中,花椒被列入芳香油类,花椒一直是我国人民生活中重要的调味品。花椒栽培历史悠久、分布广、适应性强。全国花椒种植面积超过 12 万 hm²,年产花椒 12 万 t 左右,形成了一个年产值达 15 亿元左右的巨大特色农产品产业。

第一节　造林地的选择与规划

一、造林地选择

规模化发展花椒生产产业,首先要综合考虑经营管理、采收方式、水电交通、劳力状况、产品走向、加工处理等各个环节,确保项目有序而顺畅地进行。

花椒喜阳光、耐干旱、怕涝,并且对土壤的适应能力较强。造林地一般应在花椒分布区的范围内选择地势相对平缓,海拔在 800 m 以下的阳坡或半阳坡,土壤疏松、土层深厚(深度在 60 cm 以上)、湿润,呈微酸性或中性或微碱性均可。对于黏土、砂土和盐碱地等土壤状况不理想的地块,只要经过一定的土壤改良也可种植。造林地力求阳光充足、光照时间长,没有高大物体遮挡;水源充沛,排水良好,地下水位在 5~7 m 以下,忌低洼地或容易长时间积水的地方。在年平均气温 12 ℃ 以上的地区,现有的大多数花椒品种能够安全越冬,可集中连片种植;在气候寒冷的地区,不仅要选择抗寒性的品种,还要做好防寒措施。

要生产优质无公害的花椒产品,不仅要注意造林的生态适应性,还要注意生态环境质量,确保生产出的花椒达到国家行业规定的标准或等级。

(一)大气环境质量

花椒生产林 30 km 范围内不得有大量排放氟化物、硫化物等有毒气体的大型化工厂,不得有大型水泥厂、石灰厂、火力发电厂等大量排放粉尘的工厂,以及不得有铜矿、硫矿等矿产资源或重金属超标的污染源。

大气环境条件主要考虑总悬浮颗粒物、二氧化硫、氮氧化物、氟化物、铅5个方面。大气环境状况要经过连续3年的抽样观察测定,测定结果要符合国家规定标准。

(二)土壤环境质量

花椒根系主要分布层的土壤重金属元素和农药残留量需要符合国家土壤环境质量标准。

(三)水源质量

花椒林地的灌溉用水要符合《农田灌溉水质标准》。

二、造林规划

营建花椒生产林是花椒产业的一项基础工程,它关系到花椒产业链延伸的顺利与否,是一项立足于现在,着眼于长远的大事。因为花椒是多年生植物,一经种植,就是10年以上的经营和收益期,其间的任何调整都会给经营者带来不必要的损失和困难。因此,花椒生产林的营建要从长计议,统筹兼顾并进行合理的布局和规划。

(一)总体规划的基本原则

(1)应以区划规定的项目定位、发展方向、建设目标,以及有关技术规程和技术标准为依据。

(2)坚持因地制宜、科学经营,充分合理利用资源和土地,优质高产高效且技术可行的原则。

(3)坚持在市场需求调查和科学预测的基础上,规划各项发展指标。

(二)规划的具体方法

(1)林地调查。调查内容包括地貌、土壤、气候、水利条件、植被情况等。

(2)小区的划分。以林地调查为依据,合理划分小区的面积、形状和位置。

(3)道路系统的规划。道路系统由主路、干路、支路组成。主路要求位置适中,贯穿全区,便于运送产品和肥料;干路需沿坡修筑;支路可以根据需要顺坡筑路。

(4)辅助建筑物。辅助建筑物包括管理费用房、贮藏室、农具室、包装场、晒场、药物配制场等。

(5)灌溉系统规划。

①蓄水和引水。在林地引水规划中,如果水源为河流,就需要规划河流引

水的方案。一般有有坝引水、无坝引水和机器提水3种方式。

②输水。林地的输水主要靠水渠或地下管道。地下管道可以减少水分渗漏、蒸发等无效消耗,提高灌溉效率。

③灌溉方法。为降低生产成本,节约用水,应尽量采用节水灌溉方法,目前常用的节水灌溉方法有微喷、小管出流、滴灌、喷灌等。

④排水系统的规划设计。排水系统主要有明沟排水和暗沟排水。

⑤水土保持措施的规划设计。水土保持措施主要包括修筑梯田、植物覆盖、改良土壤等。

第二节　造林整地

一、造林整地的作用

造林整地是通过清除林地上的植被、改变微地形和改善土壤物理性质实现的。其主要作用有以下几个方面:

(1)改善立地条件,改善小气候,疏松土壤,增加土壤水分和养分,提高土壤通气性。

(2)保持水土,活化土壤有机质,增加土壤团粒结构,提高土壤入渗能力和土壤持水能力。

(3)减少非目的树种的干扰,提高造林成活率,促进目的树种的生长。

二、造林地的清理

对造林地前茬的灌木、杂草和竹类,以及采伐迹地上的枝丫、梢头、倒木、伐根等进行清理清除,改善造林地的立地条件和宜林状况。清理工作在一年四季都可进行,一般的清理方式有以下几种。

(一)火烧清除(炼山)

炼山可以提高地温、增加土壤灰分、消灭病虫害,清理彻底且便于造林施工,但该方式易引起水土流失和火灾。在未经允许和缺少防火安全保障措施的情况下不得采用此方法。

(二)人工割除

选择灌木、杂草营养生长旺盛期进行人工割除,此时杂草杂灌尚未结实或种子尚未成熟,有一定的株高,地下积累的养分少,易于人工割除。人工割除需要进行多次,才能收到良好的效果。

三、造林地整地方法

花椒造林前要细致整地,根据林地的地势、土壤、耕作习惯和水土流失等条件确定整地方式,一般用全面整地或局部整地。

(一)全面整地

全面整地是指在一定范围内将全部造林地进行翻垦的方法,主要用于平坦地区。这种方法虽然工期长、投资大,但改善立地条件的效果显著,清除杂草、灌木彻底,便于机械化作业,能有效提高苗木成活率,促使幼林生长。

(二)局部整地

局部整地是对造林地部分土壤进行翻垦的方法。根据整地的程度和形状,又可细分为 2 种方法。

1. 带状整地

带状整地主要用于地势平坦或较平整的平坡地。带的长度依据地形条件、整地的断面形式而定。其方法是:沿山坡按宽 1 m、带间距 2 m,放等高线开垦,带与带之间的坡面不开垦,留生土带,每隔 5 m 修一条截水堰,以防冲刷。此法便于机械或畜力耕作,也较省工。

2. 块状整地

在坡度大、地形破碎的山地或石山区造林,可采用块状整地。山地应用的块状整地方法有穴状、块状、鱼鳞坑;平原应用的方法有坑状、块状、高台等。块状整地灵活性大、省工、成本较低,但改善立地条件的作用相对较差。

四、整地的季节

选择适当的季节整地,可以充分利用外界环境的有利因素,避免不利因素,提高整地质量,减轻整地劳动强度,降低造林成本,促进苗木成活。整地的季节大多数地区为春、夏、秋,依据各地的气候条件而定。

(一)提前整地

整地与造林不是同时进行的,整地时间早于造林季节。如春季造林,可选择秋季整地。整地太早,会使多年生杂草大量侵入让立地条件再度恶化。干旱、半干旱地区整地与造林之间应有一个降水季节,以蓄积更多的水分,来提高造林成活率。盐碱地、沼泽地一般要提前 1 年整地,使盐分得到充分淋洗、盘结的根系得到分解。应选择在雨季整地,这时土壤紧实度降低,作业省力,工效高。

(二)随用随整

整地与造林同时进行,一般情况下,这种做法因整地对苗木成活的作用有限,以及整地不及时影响造林进度,应用的比较少。在风蚀比较严重的风沙地、草原、退耕地上可以采用,在新采伐迹地上应用效果比较好。

五、整地的技术规范

各种整地方法,都是一定断面形式和技术指标的体现或表达。确定造林整地的断面形式和技术规格应有科学依据,也就是应在自然条件和经济条件允许的前提下,力争最大限度地以改善立地条件和避免造成负面效果为原则,获得较大的经济效益和生态效益。

(一)深度

深度是整地技术规格中最重要的一个指标。适当增加整地深度,比单纯扩大整地面积更有利于林木的生长发育,特别是根系的发育。在确定整地深度时,首先应考虑气候特点。干旱地区的整地深度应比湿润地区深,以便更好地保蓄水分。其次是立地条件。土壤湿度低且变化剧烈的阳坡、海拔低的地方,整地深度应比阴坡、海拔高的地方稍深;土层薄或岩石风化差的地方,整地费工费力,深度不能太深;壤质间层厚薄不一及所处位置不同的沙地,整地应力求达到使粗沙与细沙或沙土与壤土相互掺和的深度;具有影响林木根系发育的钙积层的草原土壤,应尽可能增加整地深度,或进行浅耕深松土,以松动或破除紧实土层。

(二)宽度

宽度是整地技术规格中比较重要的一个指标。如果仅从涵养土壤水分的角度看,整地宽度不同,其拦蓄的降水量、水分入渗深度均有明显不同。确定整地宽度一般需要考虑下列条件:

(1)引起水土流失的可能性。整地既是水土保持措施,又是引起水土流失的因素。整地宽度越大,自然植被破坏越严重,发生水蚀和风蚀的可能性也越大。

(2)坡度。陡坡如果整地宽度太大,不仅断面内切过深、费工费力,而且会引起土体不稳,容易坍塌,诱发水土流失;反之,缓坡的整地宽度就可以适当增大。

(3)植被状况。造林地上的灌木、杂草等较高,覆盖度大,遮阴范围广,为保证苗木、幼树不被天然植被压抑,且在竞争中处于有利地位,整地宽度应大一些;反之,则可以窄一些。

(4)经济条件。整地宽度越大,所用劳力、资金越多。盲目地增大整地宽度,实际上是趋向于全面整地,就无所谓整地宽度。

(三)长度

长度是指各整地方式翻垦部分的边长,其在生物学上的意义远不如深度、宽度那样重要,但它关系到种植点配置的均匀程度。一般在确定整地长度时应根据如下条件:山地、采伐迹地的地形破碎,影响施工的裸岩石、伐根多,长度宜稍小;反之,则可适当延长。为了充分发挥整地机械的耕作效率,长度不能过大或过小。长度过小,机具往返空转多,会造成燃料、时间浪费,降低工作效率;长度过大,又会给机具加油、加水带来不便。

(四)间距

间距是指带状地间或块状地间的距离。间距的大小主要视设计的造林密度、种植点配置方式,以及造林地的坡度、植被状况而定。坡度陡、植被稀少、水土流失严重的地方,带(或穴)间保留的宽度可以大一些,最好能将坡面上方的地表径流全部或大部分截蓄。一般翻垦部分的宽度与保留植被部分的宽度之比在灌木、杂草高度不大的山地为1:1或1:2,灌木高大的地方为1:1或2:1。

此外,整地技术规格还涉及土埂、横档反坡的有无等。一般在带(块、穴)的外缘修筑土埂可以蓄水拦泥,在带中修留横档能够防止水流汇集。各项整地技术规格通过整地施工得到落实,因此整地一定要严格按照有关技术规程或技术规定操作,做到深度、宽度、长度等合乎标准,石块、树根、草根拣净,土埂、横档修牢,表层肥土与底层心土放置有序,不打乱土层等,这样才能保证整地的质量。

第三节　造林时间

适宜的造林季节能有效提高造林成活率,有助于缩短苗木的缓苗时间,促进苗木的生长发育。苗木成活的首要条件是苗木茎叶的水分蒸腾、消耗量和根系吸收水分的补充量之间维系一定的平衡。花椒虽是一种适应性较强的树种,种植成活率高于一般苗木,但是移苗过程中,根系及其环境会发生一些改变,苗木种后仍需要及时和充足地补充水分,在最大程度上维持植株地上部分和地下部分的水分平衡,否则会大大降低造林成活率。各地应根据所在造林地的实际情况,选择适宜的造林季节。

一、春季种植

春季是北方地区最适宜的造林季节。此时,地温开始回升,土壤解冻,树液开始流动,树木也将由休眠期转入活跃期,逐步进入生根、长叶的生长状态。花椒种植一般选择在树苗萌动前、土壤解冻后进行,即4月上中旬。只要条件许可,可尽量早栽。

二、秋季种植

在南方地区,花椒可以春季种植,也可秋季种植。秋季种植一般在花椒落叶后、土壤封冻前进行。此时气温下降,土壤墒情好,地温高于气温,种下的苗木已进入休眠,但根系活动并没完全停止,当年根系仍可得到部分恢复。待翌春来临,苗木生长早,生长期长。秋季种植一般不适用于北方地区,主要是因为气候相对寒冷干燥,容易引起枝条干枯和幼苗受冻死亡。

三、雨季种植

在干旱少雨的地区,利用雨季造林是一个不错的选择,它是对春、秋两季种植的补充。此时种植应以经过充分炼苗的容器苗为主,可选择在透雨后连阴天进行栽植,或根据天气预报预测有雨的数天前进行栽植。

四、周年种植

对于容器苗而言,只要土壤不上冻,在生长季或休眠季都可种植,不过一般在7月前下地为好,即赶在苗木的速生期到来前种上,这样可保证苗木当年有一定的生物量。容器苗周年种植,可延长种植季节,合理安排劳力。

第四节　造林密度

造林密度关系着个体生长和群体生长的相互关系,影响着光能和地力的利用,制约着花椒产量的高低,因而造林密度是花椒重要的栽培技术之一。

一、确定造林密度的依据

(一)造林密度与单位面积造林地上保留的株数相关

通常在立地条件较差而造林成活率不高的地方,适当增加初植密度,以保证林地所需的最小造林株数,避免补栽或2次造林,提高1次造林1次达标的成功率。

（二）造林密度与林木的生长发育相关

造林密度对树高影响较小,但对树干直径生长影响较大。造林密度越大,单株体积越小。

（三）造林密度与气候条件相关

在低温、干旱、风大的地方,花椒生长受到抑制,会制约树冠的扩大,应适当密植些;在气候温暖、雨量充足、条件较好的地区,林木生长旺盛,树体高大,造林应适当稀些。

（四）造林密度与经营条件和技术水平相关

经营条件好,肥水管理方便的,可适当密植些,反之则应稀些;技术水平高的,可适当密植些,反之则应稀些。

除此之外,栽植方式、整形修剪方法、间作及机械化管理等,对决定造林密度都有影响。

二、花椒造林密度

保证花椒的产量和质量,可以采取密植的方法,控制好株距和行距。在进入结果期后,通过间伐改造植株间的密度。株行距可控制在（3 m×2 m）～（4 m×5 m）。土层深厚、肥力较高的地块,株行距可适当大些;肥力较低的地块,则应适当减小株行距。

第五节　花椒种植技术

花椒主要苗型为容器苗和裸根苗,其种植技术有所不同,现分述如下。

一、容器苗种植技术

（一）苗木栽植前的准备工作

1. 定植坑准备

容器苗较大、造林密度较小时,宜采用定植坑造林:一般先整穴后栽植,也可边整穴边种植。定植坑规格一般根据容器苗的种类、大小和立地条件而定。坑深应大于苗木根系长度,坑宽应大于苗木根幅。定植坑大些有利于苗木根系生长,有条件的地方也可施入底肥。

2. 覆膜准备

容器苗较小、造林密度较大时,可采用覆膜种植。全面整地后,采用机械或人工覆膜。为防止后期杂草滋生,降低人工除草的工作量,一般选用黑膜。黑膜的周围用土压紧,最好顺膜方向,每隔一段距离填一锹土,俗称"打补丁",防止膜被风刮起。

3.容器苗处理

容器苗种植前,若苗木生长状态良好,在一般情况下不需要特殊处理即可种植。如果需要也可采取以下措施:

(1)截干。

在苗干距地面 10~15 cm 处剪去地上部分。

(2)去梢或摘叶。

截去苗木部分主梢,或去除一部分叶片。

(3)剪侧枝。

对苗龄较大、已长出侧枝的苗木进行修剪。

(二)种植方法和技术

1.种植方法

容器苗的种植方法分为人工种植和机械种植两种,以人工种植为主。人工种植一般借助锹、镐、锹等工具进行栽植。

(1)定植坑种苗。

置苗木于坑中间,使苗木的根颈部稍高出地面,先将表土填在坑底,再用心土填在下面,填满后将苗木周围的土壤摁实,使根系与周围土壤紧密接触,以便根系吸收水分。种植完毕要及时浇水,即定根水,促使土壤空气排出,即使刚下过雨后栽苗也要浇水,否则会降低成活率。最后培土到苗木的根颈部,培土高度以稍高于苗木根颈部 1~2 cm 为宜,并保持土壤墒情。

(2)覆膜种植。

覆膜种植是沿着覆膜的方向,按株距打孔,苗木种在开好的孔中,膜上开孔可用容器苗植苗器,十分方便和快捷。种后取适量的土填在苗木周围把孔封上,起到压膜保墒的作用。

2.种植技术要点

种植技术涉及种植深度、种植位置和施工具体要求等内容。适宜的种植深度应根据不同的树种、气候和土壤条件及造林季节而有所不同。一般考虑到栽植后穴面土壤会有所下沉,故栽植深度应高于苗木根颈处原土痕 1~2 cm。种植过浅,根系外露或处于干土层中,甚至营养袋上口露在外面,会直接影响造林成活率;种植过深,影响根系呼吸,根部发生二重根,妨碍地上部分的正常生理活动,不利于苗木生长。但是,现有科研成果和生产经验证明,在湿润的地方,只要不使根系裸露,适当浅栽并无害处,因为在此种条件下,湿度有保证,浅栽可使根系处于地温较高的表层,有利于新根的发生;而在干旱的地方,尽量深栽反而对成活有利,因为在这种情况下,根系处于或接近湿度较大且稳定的土层,容易成活。所以,种植深度应因地制宜。在干旱的条件下应适当深栽,土壤湿润黏重可略浅栽;秋季种植可稍深,雨季宜略浅。

种植位置一般多在坑中央,使苗根有向四周伸展的余地,不致造成窝根。但在特定的条件下,有时把苗木置于坑壁的一侧(山地多为里侧),称为靠壁种植。有时还把苗木种植在水平沟整地(如黄土地区)的外侧,以充分利用比较肥沃的表土,防止苗木被降雨淹没或被泥土埋没。种植时还应注意分层覆土,把肥沃湿润表土填于根系处,踩实使土壤根系密接,防止干燥空气侵入,保持根系湿润。坑面可视地区不同,整修成小丘状或下凹状,以利排水或蓄水。干旱条件下,踩实后坑面可再覆一层土,或盖上塑料薄膜、植物茎秆、石块等,以减少土壤水分蒸发。

二、裸根苗种植技术

(一)苗木栽植前的准备工作

1. 苗木的调运

在苗木的调运过程中,不论长途或短途运输,都要妥善地把苗木包装一下。包装的目的是防止苗木失水干燥,避免苗木在运输过程中受到损伤而降低质量,同时包装整齐的苗木也便于搬运、装卸。冬季运输要避开寒流天气。运到后要立即进行假植。

2. 定植坑准备

在已确定株行距的造林地上,按照株行距定点挖穴。

3. 定植坑种植

参见容器苗的相关内容。

4. 苗木的处理

一般情况下,花椒嫁接壮苗的高度应该控制在50~60 cm以上,保有3条侧根并且无病虫害的影响。在移栽的过程中,应做好花椒根系的保护工作。根据起苗时根系的损伤状况,可酌情剪掉一些侧枝,减少水分蒸发,同时剪去过长的和劈裂的根。在花椒栽植前,应对根部进行处理,提高抗病能力。剪根后立即蘸上泥浆或采取临时假植的措施,防止失水。

(二)种植方法和技术

1. 种植方法

种植方法多采用人工种植,种植深度要求下不窝根、上不露原地径痕迹(比原地径深 1~2 cm),以防止土壤下沉造成根系外露。为防止种植窝根,裸根移栽时先覆一部分土后轻轻提一下苗木,使根舒展,然后再覆土踩实。苗木种后应立即浇水,洇实土壤。最后应检查一下苗木是否有歪斜、下沉等现象,以及土壤有无裂缝或缺土等状况,酌情做出调整或修正。

2. 种植技术要点

(1)种植深浅适当。若种植过浅易被干死;种植过深则可能导致根部水浇不透或缺氧,从而引起树木死亡。

(2)保持苗木体内水分平衡。无论在起苗、出圃、分级、处理、包装、运输,还是在造林地假植和种植取苗的过程中,都要加强苗木的管理。浇水不透或种植后未及时浇水易导致苗木死亡。对失水的苗木应浸根一昼夜,充分吸水后再进行种植或假植。

(3)不同规格的苗木要分别移栽,使同一作业区苗木大小整齐、生长均匀,便于管理,避免林木分化严重。

(4)尽量赶在阴雨天气种植,降低光照强度,减少枝叶水分蒸腾。

第六节　造林后的管理

一、土壤的改良和除草

花椒的根系较浅,在疏松的土壤中,花椒根系生长过程中阻力较小,能形成强大的根群,促进花椒的生长,提高花椒的结果率。在花椒栽培后的 3~5 年内,应该注意扩展栽植区,采取深翻措施。深翻能提高土壤的透气性,让根系更好地发展,促进植株的健壮生长。花椒很容易受到杂草的危害。因花椒的根系分布较浅,若田间出现杂草,很容易和花椒争夺养分和水分,从而影响花椒的正常生长。为此,应做好花椒周围杂草的清理工作,减少养分和水分的流失,为花椒的生长提供充足的营养,保证花椒的正常生长,提高花椒结果率。

二、保墒保水

我国一些地区的降水量较少,经常在春季出现干旱的现象。花椒在生长过程中对水分的需求量较大,应结合不同生长阶段花椒对水分的需求进行适当的灌溉,同时控制灌溉量,提高降水的利用率,做好土壤的保墒保水措施。

花椒的水分管理主要分为封冻水、萌芽水、花后水和秋前水 4 个主要时期。封冻水在冬季花椒休眠时浇灌一次,可满足植株在休眠期对水分的需求,同时能防止冻害发生。萌芽水一般在 3 月浇灌,以小水灌溉为宜,以免降低地温。花后水在坐果期浇灌,可有效促进花椒增产增收。秋前水在果实采摘后浇灌,可促进树体储存能量。

三、施肥管理

在花椒生长的不同阶段适当做好施肥管理工作。第一,促萌芽肥。在花椒萌芽前后结合花椒生长情况施用尿素、磷酸二铵、硫酸钾等。第二,保花肥。在花椒开花前、后阶段,结合花椒植株的大小施入饼肥和生物复合肥。第三,促果肥。在花椒坐果后,为花椒提供充足的肥料,结合花椒植株的大小施用三元复合肥,促进果实膨大,提高花椒叶片的光合作用,促进花椒植株的生长,保证花椒的产量和质量。

花椒施肥主要分为基肥与追肥。基肥的作用是促进花椒树体花芽分化,提高叶片光合作用,恢复树势,为翌年花椒高产打下基础。基肥以有机肥为主,一般在秋季清园后,在树冠垂直投影的外缘,挖深 30~40 cm、宽 20~30 cm 的环状沟,按照幼树施用有机肥 5.0~10.0 kg、过磷酸钙 0.3 kg,成年树施用有机肥 20.0~30.0 kg、过磷酸钙 1.0 kg 的用量施入沟内,施肥完成后和表土充分混合,提高肥料的利用率。也可采用放射沟施肥:在距离花椒主干 1 m 以外的四周,挖 4~6 条深 30~40 cm、宽 20~30 cm 的放射沟,沟长至树冠外缘,呈里浅外深、内窄外宽,沟内施入肥料。每年要更换沟的位置。

追肥一般在果实膨大期进行,按照每株追施 0.3 g 尿素与 1.0 kg 过磷酸钙的用量进行追施,不但可以有效促进新梢的生长,而且能提高坐果率,促进果穗增大。

四、整形修剪

具体操作见第六章花椒树整形修剪技术。

五、防控霜冻

(一) 花椒栽培的生物学指标

花椒在年平均气温 8~16 ℃的地方均能栽培,最适宜年平均气温 11~13 ℃。能耐-20~-18 ℃低温,成年树可耐-23~-20 ℃低温。花椒芽萌动在 3 月末 4

月初,气温大于9 ℃开始,最适宜萌动气温9~12.5 ℃,芽生长期出现0 ℃以下或连续3 d以上低于3 ℃,芽将受害。开花期适宜温度为15~18 ℃,最低气温低于3 ℃或日平均气温降幅大于6 ℃花会受害。

(二)花椒受冻害因素

花椒越冬期冻害与冬季低温强度、低温持续时间及花椒越冬性和抗寒能力有关。低温强度越强、持续时间越长、越冬性及抗寒性越弱,冻害就越严重。花椒受冻症状主要表现为树皮形成层变成褐色,春季受冻组织发生腐烂,并逐渐蔓延到整个树体至干枯死亡。

不仅低温强度、低温持续时间影响花椒受冻害程度,而且花椒品种、树龄、栽培地形、地势等也影响受冻害程度。暖冬、春季气温回升早都可使花椒发育期提前,抗寒能力下降。春季出现大幅降温天气时极易发生霜冻害。生产中应根据冻害类型加以防御。

(三)花椒冻害的类型

花椒冻害的类型有树干冻害、枝条冻害和花芽叶芽冻害。

1. 树干冻害

树干冻害是冻害中最严重的一种,主要受害部位是地面以上50 cm的主干或主枝。受害后,树皮纵裂翘起外卷,轻者还能愈合,重者会整株死亡。树干冻害主要发生在冬季温度变化剧烈、绝对最低温度过低且持续时间长的年份。被害树主要是盛果期和衰老期的大树。

2. 枝条冻害

花椒枝条发生冻害比较普遍,只是冻害程度有所不同。枝条冻害除伴随树干冻害发生外,多发生在秋季缺雨、冬季少雨、气候干寒的年份。严重时1~2年生的枝条大量枯死。受冻害的枝条常不能很好地成熟,尤其是先端成熟不良的部分易受冻。

3. 花芽叶芽冻害

花芽和叶芽抗寒力差,冻害发生的频率高。但由于花芽的数量较多,轻微的冻害对生产影响不大,严重时会造成花椒产量显著减少。花芽冻害多发生在春季回暖早而又复寒的年份。一般3月中旬气温回升,花芽萌发,从3月下旬至4月上旬,由于强冷空气的侵袭,气温急剧下降会造成花器官受冻。

(四)霜冻害预警

针对花椒的冻害气象服务有冬季气候趋势预报(暖冬、寒冬预报),寒潮、强冷空气入侵预报,春季气候趋势预报,终霜冻预报,花椒开花期物候预报,倒春寒、大风强降温预报等。

(五)防御措施

(1)坚持科学建园。从土壤、地势、气候条件等方面进行选择,注意对山地小气候的利用,避免在背阴和迎风的坡面栽植。

(2)选择抗冻性强的品种,避免在霜冻害易发生的阴坡、谷洼地栽种。在气温偏低、冷空气易聚积地可选用较耐寒的品种。

(3)加强椒园管理,结合病虫害防治防冻害。用石灰15份、食盐2份、豆粉3份、硫黄粉1份、水36份,充分搅拌均匀,涂抹于树干和树枝上,既可防冻也可杀虫灭菌。

(4)辐射型霜冻可根据天气预报和气温变化,在花椒园上风方向堆柴草熏烟,提高温度。灌溉能使椒林的空气湿度增加,减缓空气冷却,同时利用灌溉可推迟开花期,避免冻害。

(5)由于平流辐射型霜冻影响范围广、强度大,宜采用喷雾法。可用0.5%蔗糖水或0.3%~0.6%磷酸二氢钾水溶液等,在冻害发生前1~2 d喷洒,增加果树的抗寒力。

(6)对冻害树护理,采取伤口处涂抹1:1:10波尔多液的方法,防止杂菌侵染。对受冻干枯的枝梢,萌芽前后,剪去枯死部分,剪后伤口处涂抹50倍机油乳剂,抑制水分蒸发。加强土壤管理,保证前期水分供应,提前追肥,适时根外追肥,补给养分以尽快恢复树势。

六、病虫害防治

花椒病虫害是影响花椒产量与品质的重要因素,常见的病虫害有花椒黑茎病、花椒锈病、花椒褐斑病、花椒煤污病、花椒枝枯病,棉蚜、橘蚜、窄小吉丁虫、铜色花椒跳甲和花椒棉粉蚧虫等。花椒病虫害防治应秉着"预防为主、治疗为辅"的原则,做好病虫害预防工作。病虫害发生时,尽量选取低毒高效的化学农药、植物源农药和微生物源农药,以减少化学农药对环境的污染和在花椒果实中的残留。

具体防治措施见第七章花椒主要病虫害防治。

第七节　花椒采摘及采后处理

一、采摘

(一)采摘时期

花椒在外果皮呈现紫红色,缝合线突起,油胞凸出呈半透明状,有少量果皮开裂,种子呈亮黑色,椒果散发浓郁的麻香味时采摘。选择晴天进行,从早晨露水干后开始采摘,阴雨天不宜采摘。

(二)采摘方法

采摘时注意保护椒粒,应用手指掐果柄,不可用手捏着椒粒采摘。同时,还要避免果穗连同枝叶一起摘下,损害结果芽,影响来年产量。

二、晾晒与贮藏

(一)自然晾晒

采摘的鲜椒先摊放在干燥、通风的阴凉处晾 1~2 d,再移到阳光下 1 d 晒干。晾晒时应放在竹席或彩条布上,不可直接摊放在水泥地面上,以免遭受高温烫伤,导致变色、品质下降。晾晒时摊放厚度以不超过 3 cm 为宜,每 3~4 h 用木棍轻轻翻动 1 次,不能用手翻动,以免影响色泽。当85%以上的果皮开口时,即可收集去籽。

(二)机械烘干

当烘干机内温度达 30 ℃时放入鲜椒,保持 30~55 ℃的温度 3~4 h,待85%的果皮开裂后取出,并用木棍轻轻敲打,使果皮与种子分离后去除种子,将果皮再次放入烘干机内烘烤 1~3 h,温度控制在 55 ℃。

三、短期贮存

晾晒后的花椒应装入有内膜的花椒专用包装袋贮存于干燥的室内。包装袋要先开口放置,降至常温之后再扎紧袋口密封。

四、采后管理

(一)保叶护叶

果实采收后,做好叶锈病、褐斑病、落叶病,花椒叶甲、跳甲等病虫害的防治,保护好叶片,防止早期落叶,以利于提高光合效率,增加营养积累,减少越冬病虫源。

(二)叶面追肥

花椒采摘后立即对树体喷施一次 0.4%磷酸二氢钾、0.3%尿素和甲基托布津 800 倍液的混合液,使叶片迅速恢复功能,增强光合作用效能,利于营养积累、增强树势。

(三)抑制旺枝

花椒采摘后,树体嫩梢生长旺盛,不仅消耗营养,还会引起翌年早春抽条现象,且秋梢多、木质化程度差。摘心是解决抽条的重要措施,即摘除嫩梢至成熟部位。对幼旺树或角度过小及直立枝采用撑、拉、压等方法,以开张角度,抑制其过旺生长。拉枝开角时要使枝条从基部到梢部基本保持直线,避免形成"一张弓",以拉到 60°左右为宜。对树体过旺、木质化程度较差的枝条喷施 2 次多效唑,间隔 10 d 左右,控制旺长,确保树体安全越冬。对衰老树应及时清除萌蘖枝,减少养分消耗。

(四)早施基肥

采椒后的 9 月开始到落叶前均可施基肥,以 9 月中旬至 10 月上旬为佳,常采用环状沟、条状沟或放射沟施肥法。施肥量可依树龄、树势、地力而定,占全年施肥量的 60%以上,以有机肥为主,化肥为辅。

(五)土壤耕翻

在树冠投影范围内浅挖,以免伤根,在树冠投影范围外需深翻,改善土壤通气透水性能,增加保水、保肥能力,促进根系生长,扩大吸收面积。深翻可结合施基肥进行。

(六)冬季管理

1. 施肥

秋季未来得及施基肥的椒园,应抓紧在冬季土壤封冻前施入。

2. 修剪

修剪从落叶后至翌年发芽前都可进行,因品种和树龄的不同,修剪的方法和程度也不同。幼壮树应以疏剪为主,使其迅速扩大树冠成形;适当多留一些小枝,成为辅养枝、结果枝,以利早结果、多结果。盛果期树逐年疏去过旺、过密枝组;对有空间的徒长枝短截培养成结果枝,无空间的则疏除;短截旺发育枝,疏除细弱枝、重叠枝、病虫枝等。对于衰老树,要逐年回缩衰弱和干枯的主枝,将基部萌生的旺枝培养成新的主枝。有大小年现象的椒园,大年应重剪结果枝,多留发育枝;小年应多留结果枝,适当疏除一些发育枝。修剪后及时消毒,防止病菌从伤口侵染。

3. 冻害预防

在土壤封冻前,灌足底水,提高地温,增强树体抗逆性。对容易发生冻害的椒园,在低温来临前喷施防冻剂,减轻冻害危害。

树干培土。花椒树抗寒力差,易受冻害,特别是根颈部,是进入休眠期最晚而结束休眠期最早的部位。入冬前在花椒根系周围培土,以提高花椒抗旱、防寒和安全越冬的能力。

4. 病虫预防

花椒树的一些病菌和虫卵常在枯枝落叶上越冬,应结合冬剪剪除树上病虫枝、干枯枝,彻底清除树下残枝落叶并集中焚烧,预防病虫害。树干涂白可杀死树皮内隐藏的越冬虫卵和病菌,也可减少冻害,延迟花椒树的萌芽和开花,使花椒树免遭春季晚霜的危害。

第六章　花椒树整形修剪技术

第一节　果树整形修剪的概念及作用

一、整形修剪的概念和意义

整形是人为地把树体改造成一定的形状,使其符合自身的生长发育特点。整形的目的是使主侧枝在树冠内配置合理,构成坚固的骨架,能负担起丰产的重量,并能充分利用空间和光照,减少非生产性枝,缩短地上部与地下部距离,使果树立体结果,生长健壮,丰产优质。

修剪是对树体枝条进行剪截(采用机械、化学、物理方法),能够控制枝干生长的方法。它是调节果树生长与结果关系的重要措施,能够使各类枝条分布协调,充分利用光照条件,调节养分分配,达到稳产丰产、延长盛果期和经济寿命的目的。

整形、修剪可以使果树提早结果,控制营养生长转为生殖生长;延长经济寿命(有经济产量时期的长短),减少冻害及氧化,使枝条老化的速度减慢;改变了物质运输和分配,使地上营养多、结果均衡;提高产量,克服大小年现象(大小年会使果树的寿命减少);改善树体通风透光条件,使树冠中光照达到有效光强,提高品质;减少病虫害,提高抗逆性。

二、整形修剪的作用及依据

(一)作用

整形修剪可以调节树木与环境的关系,合理利用光能,与环境条件相适应;调节树体各局部的均衡关系及营养生长和生殖生长的矛盾;调节树体的生理活动。

1.调节果树与环境的关系

整形修剪的重要任务之一是通过调节个体、群体结构,改善通风透光条件,充分合理地利用空间和光能,调节树木与温度、土壤、水分等环境因素之间的关系,为树木的生长发育营造更加有利的环境。

整形和修剪可调节树木个体与群体结构,改善光照条件,使树冠内部和下部有适宜光照,树体上下、内外呈立体结果。从树形看,开心形比有中心树干形光照好。有中心树干的中、大型树冠,一定要控制树高和冠径,保持适宜的叶幕厚度,通常可将叶幕分为2~3层,叶幕间距保持1 m左右,光能直接射到树冠内部,尽量减少光合作用无效区。增加栽植密度,采用小冠树形,有利于提高光能利用率,使表面受光量增大。如果密度过大,株行间都交接,也会在群体结构中形成无效区。此外,通过开张角度、注意疏剪、加强夏季修剪等措施,均可改善光照条件。

2. 调节树体各局部之间的关系

植株是一个整体,树体各部分和器官之间需经常保持相对平衡。修剪可以打破原有的平衡,建立新的动态平衡,向着人们需要的方向发展。

(1)地上部与地下部的关系。

利用地上、地下的平衡关系调节树体的生长。果树地上部与地下部存在着相互依赖、相互制约的关系,任何一方增强或削弱,都会影响另一方的强弱。剪掉地上部的部分枝条,地下部比例就会相应增加,对地上部的枝芽生长有促进作用;若断根较多,地上部比例相对增加,对其生长会有抑制作用;地上部和地下部同时修剪,虽然能相对保持平衡,但对总体生长会有抑制作用。为保持平衡,移栽果树时必然切断部分根系,同时对地上部也要截疏部分枝条。

主干环剥、环切等措施,虽然未剪去枝叶,但由于阻碍地上部有机营养向根系输送,会抑制新梢生长,必然使根系生长受到强烈抑制,进而在总体上抑制全树生长。

根系适度修剪,有利于树体生长,但断根较多则会抑制生长。断根时期很重要,秋季地上部生长已趋于停止,并向根系转移养分,适度断根既有利于根系的更新,对地上部影响也小;在地上部新梢和果实迅速生长时断根,对地上部抑制作用较大。

(2)生殖生长与营养生长的关系。

生长和结果是果树整个生命活动过程中的一对基本矛盾,生长是结果的基础,结果是生长的目的。从果树开始结果,生长和结果长期并存,两者相互制约,又可相互转化。修剪是调节营养器官和生殖器官之间均衡的重要手段,修剪过重可以促进营养生长,但会降低产量;过轻有利于结果而不利于营养生长。合理的修剪方法,既应有利营养生长,同时也应有利生殖生长。在果树的生命周期和年周期中,首先要保证适度的营养生长,在此基础上促进花芽形成、开花坐果和果实发育。

（3）调节同类器官间均衡。

枝条与枝条、果枝与果枝、花果与花果之间也存在着养分竞争,果农中有"满树花半树果,半树花满树果"的说法。这表明,花量过大坐果率并不高,通过细致修剪和疏花疏果,可以选优去劣,去密留稀,集中养分,保证剪留的果枝、花芽结果良好。

3. 调节生理活动

修剪有多方面的调节作用,但最根本的是调节果树的生理活动,使果树内在的营养、水分、酶和植物激素等的变化有利于果树的生长和结果。

重短截的植株叶绿素含量较多,但到生长末期其差别消失。植株光合作用的强度、蒸腾强度和呼吸强度,也以修剪处理表现较强烈,在7月枝梢生长特别旺盛时最高,生长末期下降,其变化较对照缓和。随着叶片的衰老,多酚氧化酶活性提高,表现为对照植株中多酚氧化酶比修剪的多,因此其叶片衰老快,植株停止生长早。

环剥、环割可局部改变环剥口以上的营养水平,可控制旺长,促进成花,是幼树早结果、早丰产的重要技术措施。环剥有抑前促后的作用,即对环剥口上部的生长有抑制作用,而对环剥口下部则有促进作用。果树实施环剥、环割技术,其原理是暂时阻碍光合作用生产的有机物向地下部运转,使营养集中在枝、芽上积累,促进花芽形成,提高花质,减少落花落果;使幼树营养生长周期缩短,提早结果;使旺长、空怀树增加产量。

枝条拉平、弯曲会促进乙烯合成,近先端处高,基部低,背上高,背下低,从而影响枝条生长;弯枝转折处细胞分裂素水平提高,有利于上侧芽的分化、抽枝。

（二）整形修剪的原则、依据

1. 自然环境和当地条件

自然环境和当地条件对果树生长有较大影响。果树的生长发育依外界自然条件和栽培管理条件的不同而有很大的差异。因此,果树的整形修剪应根据当地的地势、土壤、气候条件和栽培管理水平,采取适当的整形修剪方法。在多雨多湿地带,果园光照和通风条件较差,树势容易偏旺,应适当控制树冠体积,栽植密度应适当小一些,留枝密度也应适当减小。在干燥少雨地带,果园光照充足,通风较好,则果树可栽植密度大些,留枝可适当多一些。在土壤瘠薄的山地、丘陵地和沙地,果树生长发育往往受到限制,树势一般表现较弱,整形应采用小冠型,主干可矮一些;主枝数目相对多些,层次要少,层间距离要小,修剪应稍重,多短截、少疏枝。在土壤肥沃、地势平坦、灌水条件好的果园,果树往往容易旺长，整形修剪可采用大冠型，主干要高一些，主枝数目适当减少。易遭受霜冻的地方，冬剪时要多留花芽，待花前复剪时再调整花量。

2. 品种和生物学特性

萌芽力弱的品种，抽生中短枝少，进入结果期晚，幼树修剪时应多采用缓放和轻短截。成枝力弱的品种，扩展树冠较慢，应采用多短截、少疏枝；以中、长果枝结果为主的品种，应多缓放中庸枝以形成花芽；以短果枝结果为主的品种，应多轻截，促发短枝形成花芽；对干性强的品种，中心干的修剪应选弱枝当头或采用"小换头"的方法抑制上强；对干性弱的品种，中心干的修剪应选强枝当头以防止上弱下强；枝条较直立的品种，应及时开角缓和树势以利形成花芽；枝条易开张下垂的品种，应注意利用直立枝抬高角度以维持树势，防止衰弱。

3. 花椒树势和树龄

树势是树体总生长状态的体现，包括发育枝的长度、粗度，各类枝的比例，花芽的数量和质量等。不同树势的树体生长状态是不同的，其中不同枝类的比例是一个常用的指标，长枝所占比例大，表明树势旺盛；长枝过少甚至不发长枝，则表明树势衰弱。长枝光合能力强，向外输出光合产物多，对树体的营养有较强的调节作用；而短枝光合产物的分配有一定的局限性，外运少。

幼龄树，整形修剪的任务是在加强肥水综合管理的基础上，促进幼树的旺盛生长，增加枝叶量，加快树形的形成，早成花，早结果，修剪方法应以轻剪为主，可通过刻芽、摘心等措施增加中、短枝的数量，削弱生长势。生长旺的树宜轻剪缓放，疏去过密枝，注意留辅养枝；弱枝宜短截，重剪少疏，注意背下枝的修剪。初果期是花椒树从营养生长为主向结果为主转化的时期，树体发育尚未完成，结果量逐年增加，这时的修剪应当既利于扩大树冠，又利于逐年增加产量，还要为盛果期树连年丰产打好基础，在保证树冠体积和树势的前提下，应促使果期年限尽量延长。在加强肥水综合管理的基础上，采取细致修剪，更新结果枝组，调节花、叶芽比例以克服大小年结果现象，维持健壮的树势。在花椒树的盛果期及以后的生长时期，在加强肥水管理的基础上，通过修剪复壮，保持适宜的长枝比例，维持一定的生长势。老期果树营养生长衰退，结果量开始下降，此时的修剪主要是在增施肥水的前提条件下，通过回缩更新复壮，使之达到复壮树势，维持产量，延长结果年限。

在花椒树一年生长的不同阶段要按其特性进行修剪。休眠期是主要的修剪时期，可进行细致修剪，全面调节。开花坐果期消耗营养较多，生长旺，营养生长和开花坐果竞争养分与水分的矛盾比较突出，可通过刻芽、摘心、环剥、环割、喷布植物生长延缓剂等进行调节。花芽分化期之前可采取扭梢、环剥、摘心、拿枝等措施促进花芽分化。新梢停长期,疏除过密枝梢,改善光照条件,可提高花芽质量。对于果树来讲,夏季修剪对生长节奏有明显的影响,因此夏季修剪的重点是调节生长强度,使其向有利于花芽分化,有利于开花、坐果和果实发育的方向进行。

4.枝条的类型

由于各种枝条营养物质的积累和消耗不同,各枝条所起的作用也不同,修剪时应根据目的和用途采用不同的修剪方式。树冠内的细弱枝,营养物质积累少,如用于辅养树体,可暂时保留;如生长过密,影响通风透光,可部分疏除,同时起到减少营养消耗的作用。中长枝积累营养多,除满足自身的生长需要外,还可向附近枝条提供营养。如用于辅养树体,可作为辅养枝修剪;如用于结果,可采用促进成花的修剪方法。强旺枝生长快,消耗营养多,甚至争夺附近枝条的营养。对这类枝条,如用于建造树冠骨架,可根据需要进行短截;如属于和发育枝争营养的枝条,应疏除或采用缓和枝势的剪法;如需要利用其更新复壮枝势或树势,则可采用短截法促使旺枝萌发。

5.地上部与地下部平衡

花椒树地上与地下两部分组成一个整体。叶片和根系是营养物质生产合成的两个主要部分。它们之间在营养物质和光合产物的运输分配中相互联系、相互影响,并由树体本身的自行调节作用使地上部和地下部经常保持着一定的相对平衡关系。当环境条件改变或外加人为措施时(如土壤、水肥、自然灾害及修剪等),这种平衡关系即受到破坏和制约。平衡关系破坏后,花椒树会在变化了的条件下逐渐建立起新的平衡。但是,地上部和地下部的平衡关系并不都是有利于及时结果和丰产的。对这些情况,修剪中都应区别对待:如对干旱和瘠薄土壤中的果树,应加强土壤改良,在充分供应氮肥和适量供应磷钾肥的前提下,适当少疏枝和多短截,以利于枝叶的生长;对土壤深厚、肥水条件好的果树,则应在适量供应肥水的前提下,通过缓放、疏花疏果等措施,促使其及时结果和保持稳定的产量;对树上细、弱、短枝多,粗壮旺枝少,且地下的根系也很弱的衰老树更新修剪,如只顾地上部的更新修剪,没有足够的肥水供应,地上部的光合产物不能增加,地下的根系发育也就得不到改善,反过来又影响了地上部的更新复壮效果,新的平衡就建立不起来,树势就很难得到恢复。

6.修剪反应

修剪反应是花椒树修剪后的最直接表现,不同种类、品种的花椒树对修剪的反应不同,即使是同一个品种,用同一种修剪方法处理不同部位的枝条,其反应的性质、强度也会表现出很大的差异,树体自身记录着修剪的反应和结果。因此,修剪反应就成为合理修剪的最现实依据,也是检验修剪质量好坏的重要标志。只有熟悉并掌握了修剪反应的规律,才能做到合理的整形修剪。观察修剪反应,不仅要看局部表现(剪口或锯口下枝条的生长、成花和结果情况),还要观察全树的总体表现。修剪过重,树势易旺;修剪轻,树势又易衰弱,这说明修剪反应敏感性强。反之,修剪轻重的反应虽然有差别,但反应差别却不明显,这说明修剪反应敏感性弱。修剪反应敏感的树种和品种,修剪要适度,以疏枝、缓放为主,适当短截。修剪反应敏感性弱的树种和品种,修剪程度比较容易把握。修剪反应的敏感性还与气候条件、树龄、树势、栽培管理水平有关。西北高原及丘陵山区昼夜温差大,修剪反应敏感性弱;土壤肥沃、肥水充足的地区修剪反应敏感性强;土壤瘠薄、肥水不足的地区修剪反应敏感性弱。幼树的修剪反应敏感性强,随着树龄的增大,修剪反应逐渐减弱。

第二节　修剪常用工具及相关术语

一、常用工具

目前,果树整形修剪常采用的工具大致可分为剪刀类、锯类、刀类、登高设备、保护伤口用具等五大类。

(一)剪刀类

整形修剪采用的剪刀有短柄修枝剪和高空修枝剪,目前市场上还出现了电动修枝剪。

剪截枝条时,一般左手拿枝,右手持剪,剪刀的方向与弯倒枝条的方向一致,两手用力配合剪枝。剪枝时,一定要将剪口剪得与枝条平齐,不能留桩,这是剪枝的要点,如果剪口不平、留茬或留桩,不但不利于剪口愈合,还会引起干腐病的发生。

(二)锯类

修剪锯主要用来锯修枝剪难以剪断的枝条,枝条较细时可用手锯直接锯掉,较大较粗的枝条就要使用电动修剪锯来疏除。锯除大枝时,先从下往上锯一道伤口,再自上往下锯,然后用修剪刀削平伤口。大枝锯剪后的伤口不宜太大,更不能留残茬。锯除大枝时,为避免撕裂树枝,影响树体生长,用锯时用力要均匀一致,成直线前后拉,不摇摆歪斜,以免夹锯拉不动或损坏锯子。

(三)刀类

修剪刀主要用来削平伤口,尤其是将大枝锯断后,要用修剪刀将粗糙的伤口削至平滑,便于愈合。

(四)登高设备

整形修剪用梯子登高就能满足。梯子有直梯、人字梯、伸缩梯等。一般常用人字梯,其较为方便、安全。

(五)保护伤口用具

保护剂和小刷是专门为涂抹伤口配备的,一般用来保护伤口的保护剂有白漆、松香清油、黄泥等。

二、相关术语

(1)骨干枝:是组成树体骨架的永久性大枝。

(2)辅养枝:指骨干枝以外的临时性较大枝条。

(3)延长枝:指果树中心主枝、主枝、侧枝等先端继续延长的发育枝。

(4)徒长枝:指生长势过于旺盛、发育不充实的生长枝,长达50 cm以上,节间较长,顶芽不能形成花芽的枝条。

(5)结果枝:是直接着生花或花序并能开花结果的枝条。

(6)营养枝:是不着生花芽的枝条,其作用是扩大树冠、制造营养、转化为结果枝。

(7)结果母枝:指能在翌年春抽生结果枝的枝条。

(8)结果枝组:由2个及2个以上结果枝和营养枝组成。

(9)二次枝:指落叶果树新梢上的芽因树种特性在适宜的条件下或者受外界环境影响,当年再次萌发出新枝。

第三节 花椒修剪技术

整形修剪是花椒栽培管理中一项十分重要的技术措施。整形修剪的作用,一是使树体结构合理、充分利用空间,更有效地进行光合作用。二是调节养分和水分的转移分配,促进光合作用和呼吸作用的有效平衡,引导营养生长与生殖生长向理想状态发展。三是调节营养枝、结果枝的合理比例。四是防止结果部位外移,促进立体结果。五是促进幼树提早结果,大树丰产稳产。六是提高花椒品质,延长结果年限。七是减少病虫危害,推迟花椒树衰老。因此,整形修剪是花椒经营管理中不可缺少的重要措施。尤其是分布在田埂、地埝、山坡等土壤瘠薄、肥力低下、水土流失严重区域的花椒树,整形修剪显得更为必要。

整形修剪必须遵循一定原则,根据立地条件、树龄、树势、树形不同进行,合理的树形可使枝条分布合理,负载量增大,树冠通风透光,早产丰产。应在树形培养的基础上合理修剪,培养结果枝组,提高结实率。

花椒树的主要特点是喜光,发枝力强,壮枝坐果好。在自然生长情况下,由于分枝多、养分过于分散,果枝生长细而弱,结果能力相应减弱,果穗变得小而轻;同时分枝多,树冠稠密,内膛光照不良,致使小枝枯死。通过整形修剪,可使骨架牢固、层次分明、枝条健壮、光照充足,调节生长发育与营养条件之间的矛盾,达到连年丰产、稳产、质优的目的。

一、修剪时间

花椒的修剪,一般可分为冬季修剪和夏季修剪两种。从花椒树落叶后到翌年发芽前这一段时间内进行的修剪叫冬季修剪,也叫休眠期修剪。在花椒树生长季节进行的修剪叫夏季修剪。实践证明,在1~2月进行修剪最好,幼树可在埋土防寒前修剪。冬季修剪大都有刺激局部生长的作用,生长季节修剪多是控制新梢旺长,去掉过密枝、重叠枝、竞争枝,改善通风透光条件,提高光合作用,使养分便于积累,促使来年形成更多的结果枝。所以说,冬季修剪能促进生长,夏季修剪能促进结果。

二、修剪方法

修剪的目的和时期不同,采用的方法也有所不同。在冬季休眠期进行修剪,通常多采用疏枝、短截、回缩、开枝等方法。夏季修剪多采用摘心、拉枝、抹芽、开枝、环割、刻伤等方法。在修剪时注意剪"七枝",即徒长枝、干枯枝、病虫枝、过密枝、交叉枝、重叠枝和纤细枝。

(1)疏枝。疏枝一般从根部去除徒长枝、过密枝、平行枝、交叉枝、病虫枝等。

(2)短截。剪去1年生枝条的一部分。剪去1/3为轻短截,剪去1/2为中短截,剪去2/3为重短截,剪留一小桩为极重短截。短截轻重依树体生长发育状况而定,生长较弱的宜重短截,生长较强的要轻短截。

(3)回缩。回缩是剪去多年生枝条的一部分。一般对下垂枝、过长枝、病虫枝、交叉枝、衰老枝等采取回缩方法。

（4）缓放。对位置适当的枝条不疏不截,让其自然生长为缓放。

（5）开枝。对角度直立、位置适度的枝条采取拉、压、坠、支、撑、别等措施,开张角度,以促其萌发结果枝组。

（6）拿枝。对角度较直、不宜开张的枝条,用手将其扭曲,使其木质部变软,促其分化发芽或培养结果枝组。

（7）摘心。对位置生长适当,宜作为结果枝培养的枝条,进行摘心处理,使其发育成结果枝组。

（8）抹芽。对萌芽过密的枝芽,选其位置适当的予以保留,位置不当的及早抹去,省去以后的修剪工作量。

（9）环割。对旺长枝或光秃枝,进行摘心后,用环割刀进行环割,使其后部萌发枝条。

（10）刻伤。从枝芽上部刻伤,能促进下部枝条的萌发,培养成结果枝组;在枝芽下部刻伤会抑制枝芽的生长,促进形成花芽和枝条的成熟。

第四节　花椒的主要树形

一、丛状形

栽植后距地面 5 cm 处截干,从其萌发的枝条中,选择 3~5 个生长健壮、位置适当的枝条作为主枝,采取拉枝或压枝的办法开张角度,然后每枝上选留 2~3 个侧枝,在侧枝上培养结果枝组,同一级侧枝方向相同,二级侧枝同第一侧枝方向相反。

二、自然开心形

栽后留干 20~30 cm,从其萌发的枝条中选留 3~4 个枝条作为主枝,用拉、压等措施促使其开张角度,角度一般为 60° 左右,然后进行侧枝培养,每一主枝培养侧枝 2~3 个,第一侧枝距主干 40~50 cm,第二侧枝距第一侧枝 30~40 cm,第三侧枝距第二侧枝 30 cm 左右。要求同一侧枝在同一方位,二级侧枝与一级侧枝方向相反。

三、主干疏层形

栽后留干 50~60 cm 定干,从萌发的枝条中留最顶端的作为主干继续发育,选留 3 个方位适当的枝条作为一级主枝,翌年留 40~50 cm 再次截干,留 2 个枝条作为主枝,然后采取拉、压等措施开张枝条角度,每一主枝上培养 2~3 个侧枝,同一级侧枝方向相同,二级侧枝同一级侧枝方向相反,第二层主枝插第一层主枝的空隙而留。

第五节　花椒不同时期的修剪技术

一、幼树期修剪

以培养树形为主,均衡树势,选留好主枝和侧枝,同时注意处理好辅养枝,培养结果枝组。

定植当年:在定植后立即定干,高度 40~60 cm,定干时要求剪口下 10~15 cm 范围内有 6 个以上的饱满芽。6 月上中旬,当新梢长 30~40 cm 以上时,除选留的 3~4 个向不同方位生长的主枝外,其余新梢全部摘心。休眠期对选定的主枝,在 35~45 cm 处进行短截以促进分枝。

定植 2 年后:主要措施是生长季拉枝和休眠期短截,对各主枝的延长枝采用强枝缓放、弱枝短截的方法,使主枝间均衡生长;侧枝宜留斜平侧或斜上侧,不宜留背斜侧,侧枝与主枝的水平夹角以 50°左右为宜;疏除重叠、交叉、直立、影响主侧枝生长的枝。对影响主枝生长的旺枝人工疏除,空间较大的可于生长季摘心或短截,使其萌发新梢,留作辅养枝。

二、结果初期修剪

结果期修剪的要点一方面是继续培养主枝、侧枝,使各级骨干枝长势均衡、骨架固、树冠圆满,为负担更多的产量做好准备;另一方面在不影响骨干枝生长的前提下,充分利用辅养枝早结果、早丰产。

(1)落头去顶。花椒树进入结果期,树体长到一定高度,需要落头去顶,就是将花椒树最顶端的枝条去掉,用上层主枝代替树头,目的是控制树高。落头后可以解决光照和长势间的矛盾,使结果枝得到更多营养。结果期的花椒树还在继续扩大生长,此时仍可培养骨干枝。结果期花椒树萌发量大,影响树的通风和透光,所以要对妨碍主枝、侧枝生长的枝条进行回缩,疏除过密枝条。

(2)主侧枝培养。主枝长势不均时,对主枝上长势强的背上枝、徒长枝、并生枝等枝条,可采取疏除、缓放、回缩等方法控制树势。对弱主枝,可采取短截的方法,增强长势。在一个主枝上,要维持前后部生长势的均衡。

（3）结果枝组培养。对不影响骨干枝生长的辅养枝，要轻剪缓放，尽量增加结果部位，影响骨干枝时，及时回缩或疏除。在骨干枝的中、后部，注意配置相当数量的大、中型结果枝组，结果初期就要在背斜和两侧培养大、中型枝组，枝组的配置要大、中、小相间，交错排列。

（4）徒长枝的利用。徒长枝是由树体长期潜伏的芽萌发的细长枝条，若处理不及时会形成树上长树的现象，影响光照，消耗养分。处理徒长枝要依照适当选留、合理安排、促控结果、不影响骨干枝生长的原则。

（5）有害枝的处理与利用。在结果树的修剪过程中，除要注意各级骨干枝的合理配置，保持从属关系外，还应该适当处理有害枝，对影响树体发育的病虫枝、枯死枝、并生枝、直立枝和交叉枝等予以处理，达到枝不磨、梢不碰的修剪效果。具体方法是：对修剪掉的病虫枝、枯死枝要拿到果园外深埋或焚烧，防止病害传播。对于直立较旺的枝条可以采用回缩的方法将其除去，避免扰乱树形。处理交叉枝时，若枝量大可疏除一个，枝量小可剪去交叉枝的部分枝头，使两枝一上一下或一左一右发展。

三、盛果期修剪

盛果期修剪要调整并平衡树势，改善树冠通风透光条件，培养和调整各类结果枝组，维持树体连续结果能力。注意保持各主枝之间的均衡和各级骨干枝之间的从属关系，采取抑强扶弱的方法，维持良好的树体结构，疏除多余的临时性辅养枝，适当疏除或回缩外围枝，增强内膛枝条长势。丰产稳产树大、中、小型结果枝组的比例大体是 1∶3∶10，一般大型枝组的产量占总产量的 20%～30%，中型枝组占 30%～40%，小型枝组占 40%～50%。注意培养和更新结果枝组，小型枝组要及时疏除细弱枝，保留健壮枝，适当短截部分结果后的枝条，复壮其生长结果能力。中型枝组要选用强枝带头，稳定生长势，并适时回缩，防止枝组后部衰弱。大型枝组重点是调整生长方向，控制生长势，把直立枝组引向两侧，对侧生枝组不断抬高枝头角度，适度回缩，不能延伸过长。在修剪中要注意骨干枝后部中、小枝组的更新复壮和直立生长的大枝组的控制。

盛果期树，结果枝一般占总枝量的 90% 以上，在结果枝中，一般长果枝占 10%～15%，中果枝占 30%～35%，短果枝占 50%～60% 较为适宜。结果枝修剪以疏除为主，疏除与短截相结合，疏弱留强，疏小留大。及时疏除萌蘖枝和徒长枝；骨干枝后部或内膛缺枝部位的徒长枝，可改造成内膛结果枝组，以填补空间，增加结果部位。

四、衰老期树修剪

及时而适度地进行结果枝组和骨干枝的更新复壮,培养新的枝组,可延长树体寿命和结果年限。对衰弱的主侧枝进行重回缩,在 4~5 年生部位选长势强、向上生长的枝组作为侧枝领导枝,把原枝头去掉,以复壮主侧枝长势,并对外围枝和枝组进行较重的复壮修剪,用壮枝带头,保持树体长势。

五、放任生长树的改造修剪

树形的改造应本着因树修剪、随枝作形的原则,改善树体结构,复壮枝头,增强主侧枝的长势,培养内膛结果枝组,增加结果部位。一般多改造成自然开心形。

根据空间大小对大枝进行整体安排,疏除过密枝、重叠枝、交叉枝、病虫枝。对原有枝组采取缩放结合的方法,在较旺的分枝处回缩,抬高枝头角度,增强生长势,利用徒长枝有计划地培养内膛结果枝组,增加结果部位,内膛枝组的培养,应以大、中型结果枝组和斜侧枝组为主,衰老树可培养一定数量的背上枝组。

第七章 花椒主要病虫害防治

花椒广泛分布于黄河和长江流域的 20 多个省、区、市。其中,陕西、甘肃、四川、山东、重庆、河南、云南、河北、山西等省、区、市栽培面积较大。随着花椒种植面积的增大,花椒病虫害问题已被列为发展花椒生产的重要关注对象。花椒病虫害的严重发生不仅造成树势衰弱、产量下降,而且有的病虫害直接导致树体死亡,严重影响了花椒生产的发展和种植者的经济收入。

我国花椒的主要虫害有花椒棉蚜、跳甲、花椒凤蝶、绿刺蛾、花椒红蜘蛛、糖槭蚧、花椒瘿蚊、花椒窄吉丁、花椒虎天牛等;病害主要有花椒锈病、炭疽病、流胶病、花椒根腐病、立枯病等。在我国北方造成花椒危害的主要虫害有花椒棉蚜、花椒窄吉丁、花椒虎天牛、花椒瘿纹、花椒红蜘蛛,主要病害有花椒锈病、流胶病、花椒根腐病、煤污病等。

花椒主要病虫害防治历如表 7-1 所示。

第一节 主要虫害及其防治

一、花椒棉蚜

花椒棉蚜又名棉蚜、瓜蚜、腻虫、油汗等,属半翅目蚜科。它分布于全国各地,寄主植物有花椒、石榴、木槿、鼠李属、棉、瓜类等。花椒棉蚜是一种繁殖非常快的害虫,常群集在花椒嫩叶、嫩芽上,吸取树汁液为害,造成叶片卷曲,落叶落果,严重时造成花椒减产 50%～70%。

(一)形态特征

成虫:无翅胎生雌蚜,体长 1.5～1.9 mm,身体有黄、青、深绿、暗绿等色。触角约为身体的一半长。复眼暗红色。腹管黑青色,较短。尾片青色。有翅胎生雌蚜类似无翅胎生雌蚜,头、胸部黑色(见图 7-1)。

卵:初产时橙黄色,6 d 后变为黑色,有光泽。卵产在越冬寄主的叶芽附近。

表 7-1 花椒病虫害防治历

时间	物候期	主要病虫	主要工作内容
12月至翌年2月	一、休眠期	越冬代	1. 冬季整形修剪； 2. 清除枯枝落叶、杂草中的病虫枝，集中深埋，用石硫合剂涂干，2月上中旬用5波美度石硫合剂清园消毒； 3. 2月底追施萌芽前肥
3月	二、萌芽期	花椒棉蚜	1. 春季栽植； 2. 3月底叶面施肥； 3. 喷布50%灭芽净乳剂4 000倍液
4～5月	三、新梢生长期	花椒棉蚜、天牛幼虫、花椒凤蝶、叶甲、花椒金龟子、煤污病	1. 花期叶面喷肥，保花保果； 2. 4月中旬追施花后肥； 3. 喷0.3～0.4波美度石硫合剂，或过量式波尔多液200倍液； 4. 人工捕杀幼虫和花椒凤蝶蛹； 5. 喷溴氰菊酯3 000倍液，或杀螟松2 000倍液防治叶甲，喷50%敌百虫，或50%敌敌畏乳剂1 000倍液杀花椒凤蝶幼虫，喷40%氧化乐果乳油1 500倍液，50%灭蚜净乳剂4 000倍液，或洗洁精加机油200倍乳剂防治花椒棉蚜

续表 7-1

时间	物候期	主要病虫	主要工作内容
6~7月	四、果实发育期	花椒棉蚜、天牛、花椒金龟子、花椒凤蝶、叶甲、花椒樱蚊、煤污病、花椒锈病、花椒根腐病、炭疽病、流胶病、叶斑病	1. 防治花椒棉蚜、叶甲、花椒凤蝶、花椒金龟子、花椒樱蚊成虫，人工捕杀天牛成虫期； 2. 用灭多威状约500~600倍液杀死花椒樱蚊成虫，或用棉花蘸上强力灭灵原液点搽防花椒樱蚊； 3. 注意排水。预防洪水浸入花椒树根封闭毛细孔，致使花椒缺氧得根腐病死亡；对已得根腐病的花椒树剪除病根，同时在伤处涂石硫合剂，或1：50倍石灰水灌根杀菌； 4. 防治流胶病用快刀将贯穿肠性病斑彻底刮除，用流胶减速威或索利巴尔原液涂抹，然后敷各液浆一层稀泥1次后培土； 5. 对花椒锈病、叶斑病、炭疽病、干腐病等病害，发病初期喷施石灰过量式波尔多200倍液，或0.3~0.4波美度石硫合剂，或50%甲基托布津700~1 000倍液，或70%代森锰锌200~300倍液各灌根1次防治；发病盛期施石灰65%可湿性森码代森锌粉剂400~500倍液，或50%甲基托布津700~1 000倍液，或50%退菌特粉剂800倍液进行防治
8月	五、果实成熟期	花椒棉蚜、花椒天牛、花椒桑白蚧、叶甲、花椒樱蚊、煤污病、花椒锈病、花椒根腐病、炭疽病、流胶病、叶斑病	1. 防治各种病虫害方法同果实发育期； 2. 适时采摘果实，晒干与贮藏； 3. 采摘果实后，喷0.5%的尿素液加0.5%的磷酸二氢钾1次； 4. 采摘果实后，立即施基肥，恢复树势
9~10月	六、秋梢生长期	天牛幼虫、花椒红蜘蛛、流胶病	1. 农闲整地，生长期修剪； 2. 中耕除草，继续施基肥； 3. 防治病虫害方法同果实发育期，防旱期落叶
11月	七、落叶期		1. 秋季栽植； 2. 可继续施基肥； 3. 开始休眠期修剪

若虫:无翅若蚜,夏季体黄色或黄绿色,春秋为蓝黑色,复眼红色。有翅若蚜,夏季淡黄色,秋季灰黄色,翅蚜黑褐色。

(二)为害状

花椒棉蚜以刺吸式口器插入花椒叶背面或嫩梢部分组织吸食汁液,受害叶片向背面卷缩,叶表有蚜虫排泄的蜜露(油腻),并滋生霉菌,产生煤污病,引起落花落果;受害后植株矮小、叶片变小、叶数减少,造成树势弱、产量降低、品质变劣。

(三)生物学习性

花椒棉蚜以卵在花椒芽体或树皮裂缝中越冬,花椒萌芽后,越冬卵开始孵化,无翅胎生雌蚜出生,危害嫩梢,之后产生有翅胎生雌蚜,迁飞各处为害。蚜虫飞到花椒嫩芽上、叶被面为害,排泄大量蜜露,叶片表面油亮,影响光合作用功能,后期造成

图 7-1　花椒棉蚜

煤污病发生。4~5 月进入危害高峰期,6 月下旬蚜量减少,干旱年份危害严重,危害期延长。花椒棉蚜的繁殖能力非常强,一只雌蚜一次产卵 40~60 个,一般 5~7 d 1 代。10 月中下旬雌雄交配后,在花椒枝条缝隙或芽腋处产卵越冬。大雨对棉蚜抑制作用明显。

(四)防治方法

1. 农业防治

及时清理病残枝,清除杂草,保持花椒园清洁,减少蚜虫转移危害。种植抗蚜品种或耐蚜品种。

2. 生物防治

保护和利用瓢虫、草蛉、食蚜蝇等天敌防治蚜虫。

3. 物理防治

黄板诱杀,利用蚜虫的趋黄性,在花椒园内悬挂黄色粘板,粘杀蚜虫。

4. 化学防治

4 月上旬,在蚜虫发生初期,用 10% 吡虫啉可湿性粉剂 2 000 倍液,或 20% 氟啶虫酰胺水分散粒剂 1 500~2 000 倍液,或 2% 烟碱苦参碱乳油 40~50

g/亩。

二、花椒窄吉丁

花椒窄吉丁又名花椒小吉丁，属鞘翅目吉丁虫科。在我国主要分布在陕西、甘肃、四川、河南等地。主要以幼虫取食韧皮部，后逐渐蛀食形成层，老熟幼虫向木质部蛀化蛹孔道，影响树木营养运输，严重时会造成树木死亡。

(一)形态特征

成虫：体具金属光泽。头顶表面有纵向凹陷并密布小刻点。复眼大、肾形、褐色（见图7-2）。触角黑褐色，生有白色毛，锯齿状，11节。前胸略呈梯形，宽于头部，略宽于鞘翅前缘，前胸背板中央有一圆形凹陷。鞘翅灰黄色，上具4对不规则黑色斑点，翅端有锯齿。腹部背面6节；腹面5节，第一、二节愈合，棕色。雌虫体长9.0~10.5 mm，头、胸黄绿色，鞘翅短于腹末，腹背板端部突出明显。雄虫体长8.0~9.0 mm，头、胸黄褐色，鞘翅与腹末等长，腹末背板端部略突出。

卵：椭圆形，长0.80~0.95 mm，宽0.45~0.65 mm，乳白色，半透明。

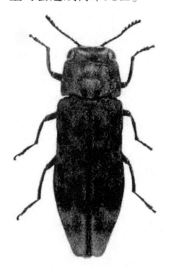

图7-2　花椒窄吉丁

幼虫：体圆筒形，长17.0~26.5 mm，乳白色，头和尾突暗褐色，前胸背板中沟暗黄色，腹中沟淡黄色。鞘翅末端锯齿状。

蛹：初期乳白色，后期变为黑色，长8.0~10.5 mm。

(二)为害状

被害树干有流胶，蛀入处有胶点，蛀入层外部有胶疤，皮内有不规则的蛀道、虫粪和木屑，被害处木质部与韧皮部分离；花椒树生长衰弱，严重时会造成花椒树大量死亡。

(三)生物学习性

该虫一年发生1代，以幼虫在枝干内3~10 mm深处越冬。翌年4月中旬开始取食，5月初开始化蛹，5月中下旬进入化蛹盛期，6月初为成虫盛发期，6月中下旬为成虫产卵盛期，7月上中旬为初孵幼虫盛发期。老熟幼虫蛀入木质部做一卵形蛹室化蛹，蛹期平均17 d。成虫在蛹室内停留3~4 d后咬半圆形孔钻出，出孔时间以中午前后最多，钻出洞后，在洞周围爬行约1 h，飞到花椒枝梢上取食花椒叶补充营养,当天或翌日中午即进行交尾,雌雄均能多次交尾。第一次交尾后约 24 h 开始产卵,一生多产卵 2 次,产卵量为 9~50 粒。卵多产于直径 3~4 cm 以上的枝条内,或树皮裂缝及旧受害疤附近,堆产,可见产卵部位有一潮湿斑。卵期 18~19 d。幼虫孵化后在韧皮部和木质部之间蛀食危害,形成不规则虫道。

(四)防治方法

1. 农业防治

选育抗虫树种,加强抚育和水肥管理,适当密植,提早郁闭,增强树势,避免受害。及时清除濒死的虫害木和剪除被害枝,集中处理,减少虫源。

2. 生物防治

6 月至 8 月上旬,当幼虫在皮下及木质部为害时,逐行逐株或逐行隔株在树干上释放管氏肿腿蜂,放蜂量与虫斑数之比为 1∶2,治虫效果良好。可在林内悬挂鸟巢招引、保护啄木鸟、灰喜鹊等益鸟,使其定居和繁衍。

3. 化学防治

在成虫羽化始期,用 4.5% 高效氯氰菊酯浮油 1 500 倍液在树冠上喷洒,或在树干、枝条上的危害部位涂抹 40% 氧化乐果乳油 40 倍液。

三、花椒虎天牛

花椒虎天牛属鞘翅目天牛科。主要分布于陕西、甘肃、四川、西藏、河南等地。花椒虎天牛成虫咬食花椒枝叶,幼虫钻蛀树干,上下蛀食,引起树势弱,造成花椒减产,严重时造成树木枯死。

(一)形态特征

成虫:体长 19~24 mm,体黑色,足与体色相同,全身有黄色绒毛,头部细点刻密布,触角 11 节,约为体长的 1/3;在鞘翅中部有 2 个黑斑,前胸背板中区有 1 个大形黑斑(见图 7-3)。

图 7-3　花椒虎天牛

卵:长椭圆形,长 1 mm,宽 0.5 mm,初产时白色,孵化前黄褐色。

幼虫:初孵幼虫头淡黄色,体乳白色,2~3 龄后头黄褐色,大龄幼虫体黄白色,各体节间凹陷处为粉红色,前胸背板有 4 块黄褐色的斑点;老熟幼虫长 20~25 mm,体黄白色,气孔明显。

蛹:初期乳白色,后渐变为黄色。

(二)为害状

被害树干有蛀孔,并从蛀道流出黄色液汁、木屑及虫粪;花椒树生长衰弱,当年结实的种子不能成熟,严重时会造成树木死亡。

(三)生物学习性

该虫两年发生 1 代,4 月上中旬幼虫在树皮内取食,虫道内流出黄褐色黏液,5 月幼虫钻食木质部并将粪便排出虫道。幼虫共 5 龄,以老熟幼虫在蛀道内化蛹。5 月成虫陆续羽化,6 月下旬成虫爬出树干,咬食健康枝叶。成虫晴天活跃,雨前闷热时最活跃。7 月中旬在树干高 1 m 处交尾,并产卵于树皮裂缝的深处,每处 1~2 粒,一雌虫一生可产卵 20~30 粒。一般第一代幼虫 8 月上旬开始孵化,幼虫在树干里蛀食为害,10 月下旬,以幼虫在枝干内越冬。

(四)防治方法

1. 农业防治

及时伐除枯死植株,并集中烧毁。

2. 生物防治

肿腿蜂是花椒虎天牛的天敌,在 7 月晴天时,按每受害株投放 5~10 头肿腿蜂的标准,放于受害植株上,防治花椒虎天牛。还可保护啄木鸟防治幼虫。

3. 物理防治

4~8 月成虫羽化期,利用其趋光性,挂频振式诱虫灯诱杀成虫。

4. 化学防治

虫孔注药,用 40%氧化乐果乳油或 80%敌敌畏乳油,配制 40~50 倍液,用注射器注入虫孔,用湿泥封住,毒杀幼虫。

四、花椒瘿蚊

花椒瘿蚊又名椒干瘿蚊,属双翅目瘿蚊科。主要分布于西北、西南、华北产椒区,以甘肃、陕西、四川、山东、河南、山西、云南等地较多。花椒瘿蚊以幼虫蛀入花椒嫩枝,引起组织增生,形成柱状虫瘿,被害枝生长受阻,会造成树势衰弱老化。

（一）形态特征

成虫：体黄色或灰黄色，形似蚊子，小而纤细，密生短毛，有细长 3 对足，体长 2.4~3.3 mm；复眼互相合并、黑褐色，触角细长、念珠状；前翅脉有 3~5 条纵脉。雌虫腹部末端有 1 细长的产卵器（见图 7-4）。

图 7-4　花椒瘿蚊

卵：初产时白色，后变淡黄色，呈梭形。

幼虫：长 2.4~3.2 mm，头部小，无足，蛆状，橘黄色。中胸腹面有 1 褐色 Y 形骨片，骨片前端两侧各有一大齿，中央两小齿。

蛹：裸蛹，纺锤形，橘黄色。

（二）为害状

被害枝条上有串珠状虫瘿，会造成枝条干枯、树势衰弱。

（三）生物学习性

该虫一年发生 1 代，以幼虫在被害枝的瘿室内越冬，翌年 4 月下旬开始化蛹，5 月中旬至 6 月上旬为化蛹盛期，蛹头部向外直立于蛹室中。5 月中旬已有部分成虫羽化，5 月下旬至 6 月中旬为成虫羽化盛期。成虫羽化后可见虫瘿上留有直径约 2 mm 的羽化孔，孔内有蛹壳。雌虫产卵于当年生嫩枝的皮层内或老瘿室中，幼虫孵化后即啮食为害。皮下组织因受刺激增生，形成一柱状瘿室，此后幼虫即在瘿室内取食、越冬，直到翌年化蛹；瘿室形成后随虫龄的增大，被害部会出现密集的小颗瘤状突起，剥去皮层可见幼虫蜷伏于蜂巢状的瘿室内。虫瘿最长达 42 cm，有虫数达 55~335 头。

（四）防治方法

1. 农业防治

及时剪除虫害枝，集中烧毁，并在剪口处涂抹愈伤膏，保护伤口，预防病菌侵入。加强管理，及时施肥、浇水、铲除杂草，在花期、幼果期、果膨大期各喷 1 次花椒壮蒂灵，提高花椒抗性。

2. 生物防治

释放瘿蚊啮小蜂防治花椒瘿蚊幼虫,可控制虫害发生。

3. 化学防治

4~6月成虫出现期,采用4.5%高效氯氰菊酯乳油1 500~2 000倍液或80%敌敌畏乳油1 000倍液喷洒防治成虫。用1∶10的40%氧化乐果乳油涂刷瘿瘤,杀死其中的幼虫。

五、花椒红蜘蛛

花椒红蜘蛛别名山楂叶螨、山楂红蜘蛛,属蛛形纲真螨目叶螨科。在我国分布较广,寄主为花椒、桃、山楂、梨、杏、苹果树等。

(一)形态特征

成螨:雌螨有冬、夏型之分,冬型体长0.4~0.6 mm,朱红色、有光泽;夏型体长0.5~0.7 mm,紫红色或褐色,体背后半部两侧各有1大黑斑,足浅黄色。体卵圆形,前端稍宽有隆起,体背刚毛细长26根,横排成6行。雄体长0.35~0.45 mm,纺锤形,第三对足基部最宽,末端较尖,第一对足较长,体浅黄绿色至浅橙黄色,体背两侧出现深绿长斑(见图7-5)。

图7-5　花椒红蜘蛛

卵:圆球形,半透明。初产卵为黄白色或浅黄色,孵化前橙红色,并呈现2个红色斑点。卵可悬挂在蛛丝上。

幼螨、若螨:初孵幼螨体圆形,未取食时为淡黄白色,取食后为浅绿色,体背两侧出现深绿色颗粒斑。若螨4对足,前期若螨体背开始出现刚毛,两侧有明显墨绿色斑,后期若螨体较大,体形似成螨。

（二）为害状

成螨、若螨、幼螨刺吸芽、果的汁液，叶受害初呈现很多失绿小斑点，渐扩大连片。严重时全叶苍白枯焦早落，常造成二次发芽开花，会削弱树势，不仅当年果实不能成熟，还影响花芽形成和下年的产量。

（三）生物学习性

北方一年发生 5~13 代，辽宁一年发生 5~6 代，山西一年发生 6~7 代，河南一年发生 12~13 代，均以受精雌螨在树体各种缝隙内及干基附近土缝里群集越冬。翌春芽膨大露绿时出蛰为害芽，展叶后到叶背为害，整个出蛰期达 40 余天。取食 7~8 d 后开始产卵。卵期 8~10 d，出现第一代成螨，第二代卵在 5 月下旬孵化，此时各虫态同时存在，世代重叠。麦收前后为全年发生的高峰期，严重者造成早期落叶。由于食料不足导致营养恶化，常提前出现越冬雌螨潜伏越冬。进入雨季气候高湿，加之天敌数量的增长，致花椒红蜘蛛显著下降，至 9 月再度上升，为害至 10 月陆续以末代受精雌螨潜伏越冬。成螨、若螨、幼螨喜在叶背群集为害，有吐丝结网习性，并可借丝随风传播，卵产于丝网上。行两性生殖或孤雌生殖，所产的卵孵化为雄性。春、秋季世代平均每雌螨产卵 70~80 粒，夏季世代 20~30 粒。非越冬雌螨的寿命，春、秋两季为 20~30 d，夏季为 7~8 d。花椒红蜘蛛一般栖息、危害树木的中下部和内膛的叶背面，树冠上部危害较少。

（四）防治方法

1. 农业防治

秋冬季清除落叶，刮除老皮，翻树盘。

2. 生物防治

保护花椒红蜘蛛的天敌小花蝽、草蛉、粉蛉和捕食螨。

3. 化学防治

萌芽前喷 3~5 波美度石硫合剂。4~6 月生长季可采用 15% 扫螨净乳油 3 000 倍液，或 15% 哒螨灵乳油 3 000~4 000 倍液，喷雾防治。

六、花椒介壳虫

花椒介壳虫属同翅目蚧总科。为害花椒的蚧类统称，有草履蚧、桑盾蚧、片盾蚧、梨园盾蚧等。它们的特点都是依靠其特有的刺吸式口器，吸食植物芽、叶、嫩枝的汁液，造成枯梢，黄叶，树势衰弱，严重时死亡。

（一）形态特征

体形多较小，雌雄异形，雌虫固定于叶片和枝干上，体表覆盖蜡质分泌物或介壳。一般介壳虫产卵于介壳下,初孵若虫尚无蜡质或介壳覆盖(见图 7-6),在叶片、枝条上爬动,寻求适当取食位置。2 龄后,固定不动,开始分泌蜡质或介壳。

图 7-6　花椒介壳虫若虫

花椒蚧类一年发生 1 代或几代,5 月、9 月均可见大量若虫和成虫。

(二)防治方法

由于蚧类成虫体表覆盖蜡质或介壳,药剂难以渗入,防治效果不佳。因此,蚧类防治重点在若虫期。

1. 物理防治

冬、春季用草把或刷子抹杀主干或枝条上越冬的雌虫和茧内雄蛹。

2. 生物防治

介壳虫自然界有很多天敌,如一些寄生蜂、草蛉等。

3. 化学防治

可选择内吸性杀虫剂,如氧化乐果 1 000 倍液;尤以 40% 速扑杀 800 ~ 1 000 倍液效果较好。

七、铜色浅跳甲

(一)形态特征

成虫:卵圆形,铜色,雌虫体长 3.9 mm、宽 2.5 mm,雄虫体长 3.2 mm、宽 2.2 mm。鞘翅中区具 9 列完整的颗粒刻点列,鞘翅具金属光泽,缝缘端部 1/2 暗黑色。前胸背板刻点细密,不规则。触角鞭状,11 节,着生于接近或触及复眼内缘处,黄褐色。复眼黑色。后足腿节强烈肿大,胫节不具齿(见图 7-7)。

卵:椭圆形,黄色,长 0.52 mm。

图 7-7　铜色浅跳甲

幼虫：初孵化幼虫体长 1 mm，橘红色，老熟幼虫 5~6 mm，鲜黄色，头黑色，腹部末端赤黑色，寡足型。

蛹：长 3~4 mm，裸蛹，鲜黄色。

(二) 为害状

铜色潜跳甲幼虫主要食用花椒的花梗和嫩茎部分，会造成大量花序及嫩茎枯萎变黑，酷似霜害，对花椒的产量产生严重影响。

(三) 生活习性

该虫一年发生 1 代，以成虫在花椒树冠下主干 1 m 范围内、深 1~5 cm 松土内越冬，也有少数成虫在椒树翘皮内，以及树冠下的杂草、枯枝落叶里越冬。翌年在花椒树芽萌动期，陆续出土上树活动，花椒现蕾期为其出土盛期；在田间一般于 4 月下旬初见卵，花序梗伸长期至初花期为盛期；4 月底至 5 月初卵孵化为幼虫开始为害，开花盛期至落花初期达为害盛期；幼虫老熟后入土化蛹，6 月上中旬为化蛹盛期；6 月中旬新一代成虫出现，椒果膨大期为盛期，8 月中旬成虫陆续潜伏越冬。

该虫成虫寿命长达 11 个月左右，约有 8 个月在土内生存，翌年越冬成虫出土一般成活 30 d 左右，雌虫寿命较长。成虫大多数在花椒叶片上活动，以晴天无风、温度高的中午最活跃，进行取食、交配、产卵等活动。在温度低、刮风、降雨天气，则潜伏在叶背、翘皮、石块或土块下。成虫有群集性和假死性，且活泼善跳。

(四) 防治措施

1. 人工防治

于 4 月底至 5 月中旬，随时检查萎蔫的花序和复叶，并及时剪除，集中烧毁或深埋土内，以消灭幼虫。6 月上中旬在椒园中耕灭蛹。花椒收获后，及时清扫树下枯枝、落叶或杂草，刮除椒树翘皮，并集中烧毁，可消灭部分越冬成虫。

2. 化学防治

（1）用氯氰菊酯乳油或 2.5% 溴氰菊酯乳油 1 000 倍液喷冠，于早春 4 月初（萌芽前）防治，效果显著。

（2）每年 4 月下旬至 5 月初，用锌硫磷或阿维菌素对树冠下土壤进行处理，药杀老熟幼虫。

（3）药杀成虫。成虫聚集树干基部蛰伏越夏期间（6 月中旬左右），可用高效氯氰菊酯或阿维菌素 1 000~1 500 倍液喷洒树干。

八、花椒金龟子

（一）形态特征

成虫：长椭圆形，背翅坚硬，体长约 20 mm，宽约 10 mm。羽化初期为红棕色，后逐渐变深成红褐色或黑色，全身披淡蓝灰色闪光薄层粉。前胸背板侧缘中间呈锐角状外突，前缘密生黄褐色体毛。腹部圆筒形，腹面微有光泽（见图 7-8）。

图 7-8　花椒金龟子

幼虫：学名蛴螬，老熟幼虫体态肥胖，长约 20 mm、宽约 6 mm，体白色，头红褐色，静止时体形大多弯曲呈 C 形，体背多横纹，尾部有刺毛。

蛹：长约 22 mm、宽约 10 mm，淡黄色或杏黄色。

卵：长椭圆形，长约 2.5 mm、宽约 1.6 mm，初产乳白色。

（二）为害状

金龟子类是重要的农林地下害虫，其幼虫蛴螬危害苗木的根部和地下茎，成虫危害苗木的叶片，严重时会造成整株叶片被吃光，影响当年树木生长量和果品产量。

（三）生活习性

金龟子是昆虫纲鞘翅目金龟子科昆虫的统称。大多数金龟子一年发生 1

代,幼虫在土壤内越冬,深度一般在 25 cm 左右,4 月下旬成虫出现,5~7 月为为害盛期,闷热无风的夜晚为害最烈。黄昏时上树为害,暴食叶片,半夜后陆续离去,潜入松土或草丛中。成虫有群集性、假死性、趋光性。

(四) 防治技术

1. 幼虫防治技术

(1)栽树前先整地,以降低虫源基数。花椒地在入冬前要深耕、深翻,把越冬幼虫翻到地表,使其风干、冻死,或被天敌捕食。

(2)对蛴螬密度大的地块进行施药处理。处理方法:50% 辛硫磷颗粒剂 2 500 g 加细土 25~50 kg,充分混合后,均匀撒施于地块表面,耙松表土,毒杀土中蛴螬。

(3)在花椒地行间开沟灌溉根部杀死蛴螬。可在每年 11 月前后冬灌或 4 月上旬适时浇灌大水,水淹一定时间后蛴螬呼吸机制受阻后死亡,数量会明显减少。

2. 成虫防治技术

(1)树盘喷药。在成虫出土前用 25% 辛硫磷微胶囊 100 倍液处理土壤,能杀死大量出土成虫。

(2)树上喷药。傍晚直接往树体喷施 50% 马拉松 1 000~1 500 倍液,防效明显。

(3)人工捕杀。利用金龟子的假死性,在 5~7 月成虫发生盛期,树下铺置塑料布,晚上摇动树枝,收集、捕杀掉落的成虫。

(4)灯光诱杀。利用成虫的趋光性,于晚间用黑光灯诱杀成虫。

(5)趋化诱杀。配制糖醋液(红糖 1 份、醋 2 份、水 10 份、酒 0.4 份、敌百虫 0.1 份),在花椒园放置糖醋液诱杀盆进行诱杀。

(6)杨树药枝诱杀。金龟子喜食杨树枝叶,将长约 60 cm 的带叶杨树嫩枝,于 90% 敌百虫晶体 100 倍液中浸泡 3 h,在太阳快落之时,分散安插在花椒地行间,诱杀金龟子成虫。

(7)微生物防治。采用白僵菌或苏云金杆菌灌根或喷洒杀死金龟子。

(8)生态防治。斑鸠、青蛙等是金龟子的天敌,要尽量使用低毒农药,减少对金龟子天敌的伤害。

九、斑衣蜡蝉

(一) 形态特征

若虫:初孵化时白色,不久即变为黑色。1 龄若虫体长 4 mm,体背有白色蜡粉形成的斑点,具长形的冠毛。2 龄若虫体长 7 mm,冠毛短,体形似 1 龄。

3 龄若虫体长 10 mm,触角鞭节小。4 龄若虫体长 13 mm,体背淡红色,头部最前的尖角、两侧及复眼基部黑色,体足基色黑,布有白色斑点(见图 7-9)。

图 7-9　斑衣蜡蝉

卵:长圆柱形,长 3 mm、宽 2 mm 左右,状似麦粒,背面两侧有凹入线,使中部形成一长条隆起,隆起的前半部有长卵形的盖。卵粒平行排列成卵块,上覆一层灰色土状分泌物。

(二)为害状

以成虫、若虫群集在叶背、嫩梢上刺吸为害,栖息时头翘起,有时可见数十只群集在新梢上,排列成一条直线;被害植株会发生煤污病或嫩梢萎缩、畸形等,严重影响植株的生长和发育。斑衣蜡蝉自身有毒,会喷出酸性液体,若不小心接触到皮肤会出现红肿,起小疙瘩。

(三)生活习性

斑衣蜡蝉喜干燥炎热处,一年发生 1 代。以卵在树干或附近建筑物上越冬。翌年 4 月中下旬若虫孵化为害,5 月上旬为盛孵期,若虫稍有惊动即跳跃而去。经 3 次蜕皮,6 月中下旬至 7 月上旬羽化为成虫,活动为害至 10 月。8 月中旬开始交尾产卵,卵多产在树干的南侧或树枝分杈处。一般每块卵有 40~50 粒,多时可达百余粒,卵块排列整齐,覆盖白蜡粉。成虫、若虫均具有群栖性,飞翔力较弱,但善于跳跃。

(四)防治方法

1. 物理防治

(1)建园时,不与臭椿和苦楝等寄主植物邻作,以降低虫源密度,减轻危害。

(2)结合疏花疏果和采果后至萌芽前的修剪,剪除枯枝、丛枝、密枝、不定芽和虫枝,并集中烧毁;增加树冠通风透光,降低果园湿度,减少虫源。结合冬剪刮除卵块,集中烧毁或深埋。

(3)若虫和成虫发生期,用捕虫网进行捕杀。

(4)保护和利用寄生性天敌和捕食性天敌,以控制斑衣蜡蝉,如寄生蜂等。

2. 药剂防治

在低龄若虫和成虫危害期,交替选用30%氰戊·马拉松(7.5%氰戊菊酯加22.5%马拉硫磷)乳油2 000倍液、50%敌敌畏乳油1 000倍液、2.5%氯氟氰菊酯乳油2 000倍液、90%晶体敌百虫1 000倍液混加0.1%洗衣粉、10%氯氰菊酯乳油2 000~2 500倍液、50%杀虫单可湿性粉剂600倍液喷洒。

十、花椒桑白蚧

(一)形态特征

雌成虫橙黄色或橙红色,体扁平卵圆形,长约1 mm,腹部分节明显。雌介壳圆形,直径2.0~2.5 mm,略隆起,有螺旋纹,灰白色至灰褐色,壳点黄褐色。雄成虫橙黄色至橙红色,体长0.6~0.7 mm,仅有翅1对。雄介壳细长,白色,长约1 mm,背面有3条纵脊,壳点橙黄色,位于介壳的前端(见图7-10)。

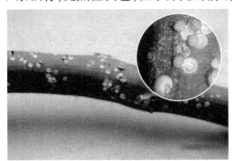

图7-10　花椒桑白蚧

初孵若虫淡黄褐色,扁椭圆形,体长0.3 mm左右,可见触角、复眼和足,能爬行,腹末端具尾毛2根,体表有绵毛状物遮盖。脱皮之后眼、触角、足、尾毛均退化或消失,开始分泌蜡质介壳。

卵:椭圆形,长径仅0.25~0.30 mm。初产时淡粉红色,渐变淡黄褐色,孵化前橙红色。

(二)为害状

花椒桑白蚧以若虫伏于花椒树干上吸食汁液,重害枝表皮上的虫口每平方米常达54头,所以常引起被害枝条枯死。

(三)生活习性

我国各地的发生代数不同,在华北地区一年发生2代,在山东省一年发生

2~3代,浙江省一年发生3代,广东省一年发生5代。花椒桑白蚧主要以受精雌虫在寄主上越冬。春天,越冬雌虫开始吸食树液,虫体迅速膨大,体内卵粒逐渐形成,遂产卵在介壳内,每只雌虫产卵50~120粒。卵期10 d左右(夏秋季节卵期4~7 d)。若虫孵出后具触角、复眼和胸足,从介壳底下各自爬向合适的处所,以口针插入树皮组织吸食汁液后就固定不再移动,经5~7 d开始分泌出白色蜡粉覆盖于体上。雌若虫期2龄,第二次蜕皮后变为雌成虫。雄若虫期也为2龄,蜕第二次皮后变为前蛹,再经蜕皮为蛹,最后羽化为具翅的雄成虫。但雄成虫寿命仅1 d左右,交尾后不久就死亡。

(四)防治方法

1. 人工防治

因其介壳较为松弛,可用硬毛刷或细钢丝刷刷除寄主枝干上的虫体。结合整形修剪,剪除被害严重的枝条。

2. 化学防治

根据调查测报,在初孵若虫分散爬行期实行药剂防治。推荐使用含油量0.2%的黏土柴油乳剂混80%敌敌畏乳剂、50%混灭威乳剂、50%杀螟松可湿性粉剂,或50%马拉硫磷乳剂1 000倍液(黏土柴油乳剂配制:轻柴油1份,干黏土细粉末2份,水2份。按比例将柴油倒入黏土粉中,完全湿润后搅成糊状,将水慢慢加入,并用力搅拌,至表层无浮油即制成含油量为20%的黏土柴油乳剂原液)。此外,40%速扑杀乳剂700倍液防治亦有高效。

3. 生物防治

花椒桑白蚧的天敌主要是红点唇瓢虫,对抑制其发生有一定的作用。在桑白蚧若虫固定后,尽量不喷化学药剂,以减少对天敌的伤害。

十一、花椒凤蝶

(一)形态特征

成虫:体长25~30 mm,翅展70~100 mm;体黄绿色,背面有黑色纵带,翅黄绿色,沿脉纹两侧黑色;外缘有黑色宽带,带的中间前翅有8个、后翅有6个黄绿色新月斑;前翅中室端部有2个黑斑,基部有几条黑色纵线;后翅黑带中散生蓝色鳞粉;臀角有橙色圆斑,中间有1个小黑点(见图7-11)。

幼虫:老熟幼虫体长35~45 mm,绿色,胸腹相连处稍膨大,第一胸节背面有1对橙色臭"丫"腺,后胸背面两侧有蛇眼斑,左右连成马蹄形,胸背和腹部各有1条弯形带状纹;第一腹节后缘有1条黑带,第4~6腹节两侧有不完整的黑色斜带,腹部两侧气门之下各有1条白色斑带;1龄幼虫黑色,多刺毛;2

图 7-11 花椒凤蝶

龄幼虫黑褐色,背上有白色带纹,形似鸟粪,体上有肉刺突起。

蛹:长约 30 mm,纺锤形,有淡绿、黄白、暗褐等色,头部两侧各有 1 个显著突起。

卵:圆球形,直径 1.2~1.3 mm。初产时淡,近孵化时黑灰色,微有光泽,不透明。

(二)为害状

幼虫蚕食幼芽和嫩叶,影响花卉生长和结果,使枝条扭曲变形,造成经济损失。

(三)生活习性

在东北一年发生 1~2 代,黄河流域一年发生 2~3 代,长江流域及其以南地区一年发生 3~4 代,但在横断山脉的高寒地带一年只发生 1 代。北京地区以蛹在枝条上越冬,翌年 4 月中下旬(花椒发芽期)成虫开始羽化,交尾产卵,卵产于嫩芽、叶背,卵期 15~20 d。5 月第一代幼虫孵化为害,第二代幼虫在 6 月中旬至 7 月中旬孵化为害,8 月上旬至 9 月第三代幼虫孵并为害,10 月老熟幼虫化蛹越冬。成虫白天活动,交尾,产卵。1 处 1 粒卵。幼虫夜间取食为害,受惊动时,伸出臭"丫"腺,散出臭液,借以拒敌。

(四)防治方法

(1)人工捕杀幼虫和蛹。

(2)喷洒农药。

3 龄前喷敌百虫 800~1 000 倍液,每 10~15 d 喷 1 次,连续 2~3 次。或用每克含孢子 100 亿以上的青虫菌或苏云金杆菌 500~1 000 倍溶液、40%氧化乐果乳油 1 000 倍液防治。

第二节　主要病害及其防治

一、花椒根腐病

花椒根腐病为花椒的一种土传病害,主要分布于陕西、甘肃、四川、山东、重庆、河南、云南、河北、山西等地。近年来,花椒种植区均有发生,幼树发生较重。

(一)症状

受害植株根部变色腐烂,有异臭味,根皮与木质部易脱离,严重时木质部发黑,有时根皮上有白色絮状物(见图7-12)。一般先从侧根的皮层腐烂,后期导致全根腐烂。地上部分叶变小、发黄变干,导致植株萎蔫至死亡,严重影响花椒产量。

图7-12　花椒根腐病

(二)病原

花椒根腐病是由一种腐皮镰刀菌引起的,腐皮镰刀菌属半知菌类(无性类)丝孢纲瘤座孢目瘤座孢科镰孢属。菌丝有隔,分枝。分生孢子呈梗分枝或不分枝。分生孢子有两种形态,小型分生孢子呈卵圆形至柱形,有1~2个隔膜;大型分生孢子呈镰刀形或长柱形,有较多的横隔。

(三)发病规律

病菌以菌丝和厚垣孢子在土壤及病根残体上越冬,4~5月开始发病,分生孢子萌发适宜温度为20~30 ℃。病菌以菌丝和分生孢子主要从伤口侵入。6~8月发病最严重,10月下旬基本停止发生。平均地温、土壤含水量越高,发生程度越重。

(四)防治方法

1. 农业防治

加强管理,增施有机肥,合理搭配磷钾肥,改良土壤结构,增强树势,提高抗病力。夏季雨多时及时排水,树盘下不能积水。及时挖除病死根并烧毁,减少病害传播。

2. 化学防治

栽植时用50%甲基硫菌灵500倍液浸根24 h,并用生石灰消毒土壤。发病初期,用30%恶霉灵1 200~1 500倍液喷淋苗床或大树灌根,或80%戊唑多菌灵可湿性粉剂600~800倍液,或30%甲霜恶霉灵600~800倍液灌根。

二、煤污病

煤污病又称黑霉病、煤烟病、煤病等。发病初期在病斑上产生黑色疏松霉斑,连片后使枝、叶、果面覆盖一层烟煤状物,树体变黑,叶片气孔阻塞,严重影响光合作用,导致植株生长不良,叶片脱落,果实色泽暗,香、麻味淡,品质和产量明显下降,严重时可使树体干枯死亡。花椒种植区均有分布。

(一)症状

煤污病主要危害叶片、嫩梢、果实,发病初期在叶片、枝梢、果实的表面出现椭圆形或不规则的暗褐色霉斑(见图7-13)。随着霉斑扩大,整个叶面、枝梢上被黑色的煤状物覆盖,使光合作用受阻,严重时造成叶片失绿、落叶、落果。

图7-13　煤污病

(二)病原

煤污病病原菌为仁果黏壳孢菌,属无性类真菌。菌丝全部或几乎全部着生在叶表面,形成菌丝层,上生黑点(分生孢子器)。有时菌丝细胞分裂成厚垣孢子状。分生孢子器半球形,内生分开生孢子,圆筒形,壁厚,无色,直或稍弯,双胞。

(三)发病规律

以菌丝体、分生孢子器和闭囊壳等在病部越冬。孢子借风雨传播至花椒树上;也可以蚜虫等害虫的分泌物为营养,生长繁殖,传播侵染为害。6月上旬至9月下旬均可发病,侵染集中于7月初至8月中旬,高温多雨季节发病重;栽植密度大,修剪不到位,树冠郁密、管理粗放的果园发病严重。该病腐生性质,多伴随蚜虫、斑衣蜡蝉的发生而发生。在多风、空气潮湿、树冠枝叶茂密、通风不良的情况下,有利于该病的发生。

(四)防治方法

1.农业防治

加强果园管理,合理施肥,适度修剪,清洁果园,以利通风透光,增强树势,减少发病。及时防治蚜虫、斑衣蜡蝉等刺吸性虫害,减少伤口感染。

2.化学防治

在煤污病发病初期,用50%多菌灵800倍液,或50%甲基硫菌灵1 000倍液喷洒防治。

三、花椒膏药病

(一)症状

树干和枝条上形成圆形、椭圆形或不规则形的菌膜组织,贴附于树上,菌膜组织,直径可达6.7~10.0 cm,初呈灰白色、浅褐色或黄褐色,后转紫褐色、暗褐色或褐色;有的呈天鹅绒状,边缘色较淡,中部常有龟裂纹;有的后期干缩,逐渐剥落,整个菌膜好像中医上的膏药,故称膏药病(见图7-14)。

(二)病原

病原菌主要为担子菌纲黑木耳目隔担子属的真菌。卷担子属的真菌有的也会引起膏药病;病菌常与介壳虫或白蚁共生,菌丝体在树干表面发育,逐渐扩大形成相互交错的薄膜,但也能侵入寄主皮层吸取养分。老熟时,在菌丝层表面形成担子,担子再度成熟并不断地分裂成孢子,并随风、雨、虫等载体而传播。

(三)发病规律

本病的发生与介壳虫有密切的关系,菌丝以介壳虫的分泌物为养料。介壳虫也常常因菌膜的覆盖而得到保护,在雨季和潮湿的地方病菌的孢子还可通过虫体的爬行而传播蔓延。林中阴暗潮湿、通风透光不良、土壤黏重、排水

图 7-14　花椒膏药病

不良的地方也易发生此病。

(四)分布情况

花椒膏药病主要分布在亚热带地区,在老龄树上普遍存在,尤其是管理粗放的老椒树发生最重,主要危害树干,然后是大枝,能使树枝营养不良,挂果减少,重者使树枝干枯死亡。在很多地区,花椒枝干及整株枯死、挂果少、结果小都与此病有关。

(五)防治措施

(1)加强管理,适当修剪,除去枯枝落叶,降低椒园湿度。

(2)控制栽培,尤其是在盛果期老熟椒园,过于荫蔽的应适当间伐。

(3)用 4~5 波美度石硫合剂涂抹病斑。

(4)加强介壳虫的防治。

四、花椒锈病

花椒锈病是花椒叶部重要病害之一,广泛分布在陕西、四川、河北、甘肃等省的花椒栽培区。严重时,花椒提早落叶,直接影响次年的挂果。

(一)症状

叶背面呈黄色,有裸露的夏孢子堆,大小 0.2~0.4 mm,圆形至椭圆形,包被破裂后变为橙黄色,后又褪为浅黄色,叶正面呈红褐色斑块(见图 7-15)。秋后形成冬孢子堆,圆形,大小 0.2~0.7 mm,橙黄色至暗黄色,严重时孢子堆扩展至全叶。

(二)病原

花椒锈病病原为担子菌门花椒鞘锈菌属真菌。夏孢子堆生在叶背,初橙

图 7-15　花椒锈病

黄色,后褪浅,夏孢子椭圆形至卵形,表面粗糙,壁厚,顶部厚 7 μm;冬孢子堆橙黄色至暗黄色,圆形,产生棍棒状冬孢子,上圆下狭,顶壁厚 12~20 μm。

(三)发病规律

病原菌以多年生菌丝在桧柏针叶、小枝及主干上部组织中越冬。翌春遇充足的雨水,冬孢子角胶化产生担孢子,借风雨传播、侵染为害,潜育期 6~13 d。该病的发生与 5 月降雨早晚及降雨量呈正相关。花椒展叶 20 d 以内的幼叶易感病,展叶 25 d 以上的叶片一般不再受侵染。

(四)防治方法

1. 农业防治

加强肥水管理,铲除杂草,合理修剪。晚秋及时清除枯枝、落叶及杂草并烧毁。栽培抗病品种,可以将抗病能力强的花椒品种混栽。

2. 化学防治

萌芽前喷 3~5 波美度石硫合剂。对已发病的可喷 15% 粉锈宁可湿性粉剂 1 000 倍液,控制夏孢子堆产生。发病盛期可用 25% 丙环唑乳油 1 000 倍液喷洒防治。连喷 2~3 次,间隔 7~10 d。

五、流胶病

流胶病是花椒树的多发病,在我国花椒产区均有发生。管理粗放和树势衰弱的花椒园发病较重。流胶病的发生造成花椒树势衰弱,花椒产量、品质下降,植株寿命减少。

(一)症状

花椒树枝、干有病斑,流出黄褐色、黑褐色透明胶,严重时枝干干枯,叶发黄,后期落叶、落果(见图 7-16)。

(二)病原

侵染性流胶病由镰刀菌引起,菌丝有隔,分枝。分生孢子梗分枝或不分

图7-16 流胶病

枝。分生孢子有两种形态：小型分生孢子卵圆形至柱形，有1~2个隔膜；大型分生孢子镰刀形或长柱形，有较多横隔。

(三)发病规律

侵染性流胶病具有传染性，病原随风雨传播，经伤口浸入树体，危害枝干。非侵染性流胶是由于机械损伤、虫害、冻害等伤口流胶和管理不当引起的生理失调，发生流胶。

侵染性流胶病：病原菌以菌丝体和孢子器在病枝里越冬，翌年3月下旬至4月中旬产生孢子，随风雨传播。一年生嫩枝感病后，当年形成瘤状突起，随着病斑扩大，病体开裂溢出树脂，起初为无色半透明软胶，后变为茶褐色结晶状；多年生枝染病，会产生水泡状隆起并有树胶流出。随着病菌的侵害，受害部位坏死，导致枝干枯死。雨天溢出的树胶中有大量病菌随枝条下，导致根颈受浸染，当气温达5℃时病部渗出胶液，随气温升高而加速蔓延，一年有两次高峰，第一次5~6月，第二次8~9月。

非侵染性流胶病：多发生在主干和大枝的分权处，小枝发生少。大枝发病后，病部稍膨胀，早春树液流动时，常从病部流出半透明黄色树胶，雨后流胶量多。病部容易被腐生菌浸染，使皮层和木质部腐烂，导致树势衰弱。一般4~10月发生，以7~10月雨水多、湿度大和通风透光不良的花椒园发病重，树势弱、土壤黏重、氮肥过多的地块，天牛、斑衣蜡蝉、吉丁虫危害重的地块发病重。

(四)防治方法

1. 农业防治

栽植抗病品种。加强肥水管理，增施有机肥，合理修剪。晚秋及时清除枯枝、落叶、杂草并烧毁。

2. 物理防治

秋冬季树干涂抹涂白剂，涂白剂配方为生石灰：硫黄粉：盐：油：水的比例为1∶1∶0.2∶0.3∶10。

3. 化学防治

萌芽前喷3~5波美度石硫合剂。生长季刮除病斑,涂抹3~5波美度石硫合剂。及时防治吉丁虫、斑衣蜡蝉、天牛等虫害。

六、花椒枝枯病

(一)症状

该病常发生于大枝基部、小枝分杈处或幼树主干上。发病初期病斑不甚明显,随着病情的发展,病斑为灰褐色至黑褐色椭圆形,以后逐渐扩展为长条形,枝条出现裂缝、流胶,病斑切初枝干一周时,则会引起上部枝条枯萎,后期干缩枯死,秋季其上生黑色小突起,即分生孢子器,顶破表皮而外露。

(二)发病规律

病原属于半知菌亚门球壳孢目球壳孢科茎点属。病菌主要以分生孢子器或菌丝体在病部越冬。翌年春季产生分生孢子,进行初侵染,引起发病。在高湿条件下,尤其在降雨或灌溉后,侵入的病菌释放出孢子进行再侵染。分生孢子借雨水、风和昆虫传播,雨季随雨水沿枝下流,使枝干被侵染而病斑增多,从而引致干枯。椒园管理不善,会造成树势衰弱或枝条失水收缩;冬季低温冻伤、地势低洼、土壤黏重、排水不良、通风透光不好的椒园,均易诱发此病发生危害。不修剪、冬季对椒树不消毒的地方发生较为严重。

(三)防治方法

1. 人工防治

(1)加强管理。在椒树生长季节,及时灌水,合理施肥,以增强树势;合理修剪,减少伤口,清除病枝并集中销毁,可减轻病害发生。

(2)涂白保护。秋末冬初,用生石灰2.5 kg、食盐1.25 kg、硫黄粉0.75 kg、水胶0.1 kg,加水20 L配成涂白剂,粉刷椒树枝干,避免冻害,减少发病机会。

2. 药剂防治

对初期产生的病斑用刀刮除,病斑刮除后涂抹50倍砷平液、托福油膏,或1%等量式波尔多液。深秋或翌年早春椒树发芽前,喷洒45%晶体石硫合剂100倍液,或50%福美胂可湿性粉剂500倍液,防治效果明显。

第八章 花椒的风味物质及基础研究进展

第一节 花椒风味物质研究

一、花椒的香、麻味来源及作用

花椒果实的表皮长满了粗大的腺点(见图 8-1),散发出的花椒香味就来自这些粗大腺点里的挥发性芳香物质,花椒的叶片上也长着透明腺点,所以摘下嫩叶咬一口也能感受到花椒的芳香,只不过香味儿不如花椒果实浓郁。花椒香气是评价花椒质量高低的重要指标,主要指麻、香味,合称为风味物质。

图 8-1　花椒表皮腺点

花椒气味芬芳,可除各种肉类的腥膻臭气,能促进唾液分泌,增加食欲;存放的粮食被虫蛀了,用布包上几十粒花椒放入,虫就会自己跑走或死去;在菜橱内放置数十粒鲜花椒,蚂蚁就不敢进去;在食品旁边和肉上放一些花椒,苍蝇就不会爬;如果是冷热食物引起的牙痛,用一粒花椒放在患痛的牙上,痛感就会慢慢消失。

花椒挥发油是其风味物质的表征成分,主要由烯类、醇类、酮类、醛类、酯类等挥发性成分组成,其中的芳樟醇、柠檬烯、月桂烯、桉树脑、桧烯等香气成分,可作为合成各大香料和药物的原料,使花椒产业在食品调味料之外,在化妆品、医药、农药等方面也能得到大力发展。当前针对花椒挥发油成分比对分析、提取方法等研究对提升花椒品质、增强花椒开发利用价值具有重要意义。

二、花椒风味物质的化学成分

(一)花椒香味的主要成分

迄今为止,已有学者研究表明新鲜花椒果皮中的香气成分种类多达120种,且挥发油含量高达11%。从花椒总体香气成分含量来看,以藤椒最高,青花椒次之,红花椒最低。花椒整体香气的形成是由内含的多种香气成分间协调和拮抗的结果,因不同种类花椒中内含的香气成分的含量和种类均有所差别,从而形成了不同的花椒香气类型。红花椒的香气属浓郁型,青花椒及藤椒的香气属清香型,引起此类差异的原因与其各自内在主要香气成分的差异有关(见表8-1)。

表8-1　不同种类花椒的主要香气成分

花椒品种	香气成分
红花椒	β-水芹烯、柠檬烯、β-月桂烯、γ-萜品烯、芳樟醇、4-萜品醇、α-萜品醇、乙酸芳樟酯、α-蒎烯、α-萜品烯、(E)-罗勒烯、(E)-β-罗勒烯、萜品烯、δ-杜松烯、桉树脑、2-蒈烯、γ-杜松烯、西柏烯、萜品醇、棕榈醇、橙花醇、反橙花叔醇、斯巴醇、γ-杜松醇、α-松甜没药醇 酯类:金合欢醇乙酸酯、乙酸香叶酯、乙酸橙花酯、乙酸松油酯、隐酮、薄荷酮、水芹醛
青花椒	β-水芹烯、柠檬烯、β-月桂烯、γ-萜品烯、芳樟醇、4-萜品醇、α-萜品醇、乙酸芳樟酯、α-侧柏烯、萜品烯、α-水芹烯、罗勒烯、β-石竹烯、β-蒎烯、顺式-β-罗勒烯、大根香叶烯、α-萜品烯、反式水合桧烯、顺式-顺式松油醇、1-萜品醇、橙花叔醇、香桃木烯醇、侧柏酮
藤椒	β-水芹烯、柠檬烯、β-月桂烯、γ-萜品烯、芳樟醇、4-萜品醇、α-萜品醇、乙酸芳樟酯、α-蒎烯、β-蒎烯、β-石竹烯、大根香叶烯、桉树脑、萜品醇、反橙花叔醇、薄荷酮、茴香脑

不同种类花椒的香气成分差异性较大。文献调研对比分析发现,红花椒、青花椒和藤椒的香气成分主要为烯类、醇类和酯类成分,此三类成分约占所提香气成分的90%以上,而红花椒的香味物质以烯类成分含量最高,青花椒和藤椒以醇类成分最高。红花椒、青花椒和藤椒中相对含量在1%以上的共有烯类成分主要包括柠檬烯、β-月桂烯、γ-萜品烯和β-水芹烯等,共有醇类成分主要包括芳樟醇、α-萜品醇和4-萜品醇等,共有酯类成分主要为乙酸芳樟酯。此三类花椒中主要的共有香气成分中柠檬烯和芳樟醇的含量最高,其柠

檬烯含量均无明显差异,但青花椒和藤椒的芳樟醇含量明显高于红花椒;青花椒和藤椒中有含量较大的桧烯成分且较红花椒多;红花椒中乙酸芳樟酯的含量较青花椒和藤椒偏高,这些可能是青花椒和藤椒的香气成分较为类似而有别于红花椒的根本原因所在。

(二)花椒香气的主要性质及结构

香气形成的本质是香气成分挥发至空气中经嗅黏膜扩散至嗅细胞并刺激其产生动作电位而形成香气信息被我们感知。物质香味的必备条件是:有挥发性;有一定数量的发香基团(如羟基、酯基、羧基等)或广义芳香理论结构;不饱和性及共轭体系有利于香气形成。花椒香气成分的呈香程度与其分子结构(挥发性、不饱和性、芳香性、官能团和取代基等)息息相关,其中挥发性是最重要的影响因素。研究者利用香气成分的化学结构,探索分析花椒的香味与其主要香气活性成分的构成关系(见表8-2)。

表 8-2 花椒中主要香气成分的化学结构及特点

分类	香气成分	化学结构	分子式	阈值/（μg/L）	香气特点
烯萜类	柠檬烯		$C_{10}H_{16}$	10	柑橘香
	月桂烯		$C_{10}H_{16}$	14	花香
	α-蒎烯		$C_{10}H_{16}$	6	松木香、茶香、青草香
	桧烯		$C_{10}H_{16}$	40	花香
	γ-萜品烯		$C_{10}H_{16}$	—	甜味
	大根香叶烯 D		$C_{15}H_{24}$	—	花香
	石竹烯		$C_{15}H_{24}$	64	丁香味、松香

续表 8-2

分类	香气成分	化学结构	分子式	阈值/ ($\mu g/L$)	香气特点
醇类	芳樟醇		$C_{10}H_{18}O$	6	花香、青草香、柑橘香
	香叶醇		$C_{10}H_{18}O$	40	甜香、柠檬香、玫瑰香
	4-萜品醇		$C_{10}H_{18}O$	400	花香、甜香、草药香
	桉树脑		$C_{10}H_{18}O$	—	松油香
	α-萜品醇		$C_{10}H_{18}O$	330	甜香、薄荷香、水果香
酯类	乙酸芳樟酯		$C_{12}H_{20}O_2$	640	月季花香
	乙酸松油酯		$C_{12}H_{20}O_2$	—	清甜香

由表 8-2 可知,花椒中的香气活性成分主要为烯萜类、醇类和酯类。从分子式来看,烯萜类成分主要分为 $C_{10}H_{16}$ 和 $C_{15}H_{24}$ 两种,醇类成分主要为 $C_{10}H_{18}O$,酯类成分主要为 $C_{12}H_{20}O_2$。从分子量来看,随着碳原子数的增加,香气阈值逐渐呈上升趋势,这可能是由于香气成分的蒸气压减小而使其挥发性降低。从不饱和性来看,在同碳链数的情况下,双键数量越少,香气阈值越高,这可能是由于双键越多越易形成共轭体系,并且在双键处易断裂而分裂为小分子挥发,所以香气阈值与双键数量成反比。从分子结构分析,以上花椒香气活性物质多数以同分异构体的形式存在,均含异戊二烯单位或一个近平面的环状结构。同时,由于醇类和酯类成分中含有烯萜类成分不含有的羟基和酯基发香团,因此这三类成分的香味有所差异。综上分析,花椒香气活性成分的呈香物质基础主要表现在:有挥发性;含异戊二烯单位,或一个近平面的环状结构,或一定数量的发香基团。

（三）花椒麻味的主要成分

花椒辛麻味是其主要的风味特征，这种不同于辣椒的独特口感，大多令食客们欲罢不能。科学家们通过研究发现，在参与试验的志愿者嘴唇上放置频率为每秒 50 次的机械震动装置时，试验者的感觉与吃花椒时带来的酥麻感几乎一样。通过深入的研究，揭示出以山椒素为代表的链状不饱和脂肪酸酰胺类物质是花椒令人产生震颤感的主要物质。麻味物质作为麻味信息的载体，其结构特性不仅决定了其是否具有麻味，而且影响麻味的强弱程度。在麻味的生物学机制研究方面，科学家们发现，人体对麻味的感知可能是山椒素类化合物激活了我们的体感神经细胞而产生的。但在激活方式上一直存在着争议，一种观点认为，通过激活瞬间受体电位离子通道和热敏离子通道来激活感觉神经；另一种观点认为，通过抑制双孔钾离子通道来实现对感觉神经的激活。由此可见，花椒给我们带来的麻觉是一种触觉，花椒中所含的山椒素刺激到负责感觉震动的神经，传导入大脑后感知到的仿佛是种震颤。所以，花椒模拟触觉的能力可能是它提升菜品风味的关键。若将花椒与辣椒或其他风味的调味品混合，能产生各种奇妙的味觉组合，花椒有一种在触觉震颤中扩散其他味道的神奇能力。

花椒中麻味的主要成分是以山椒素为代表的一系列链状不饱和脂肪酸酰胺类化合物。目前从花椒中分离得到的麻味物质总共有 25 种，其中山椒素是代表性麻味物质，包括 α-山椒素、β-山椒素、γ-山椒素和 δ-山椒素。

（四）花椒麻味的主要性质和结构

天然的花椒麻味物质包括山椒素及其由烷基不饱和度差异或碳链氧化引起结构变化的酰胺类同系物（见表 8-3）。此外，有不少研究者利用有机合成的手段制备花椒麻味类似物，主要以羟基-α-山椒素类似物为主，合成思路是在基础结构上，改变烷基碳链长短、双键构型、不饱和度及氨基类型、氨基取代基团等。

表 8-3 25 种天然的花椒麻味物质

序号	化合物名称	结构	分子式	性状
1	α-山椒素		$C_{16}H_{25}NO$	无色针状（正己烷）
2	β-山椒素		$C_{16}H_{25}NO$	无色针状（正己烷）

续表 8-3

序号	化合物名称	结构	分子式	性状
3	山椒素Ⅱ		$C_{16}H_{25}NO$	无色油状
4	γ-山椒素		$C_{18}H_{27}NO$	无色针状（正己烷）
5	δ-山椒素		$C_{18}H_{27}NO$	无定形粉末
6	羟基-α-山椒素		$C_{16}H_{25}NO_2$	无色油状
7	羟基-β-山椒素		$C_{16}H_{25}NO_2$	白色粉末
8	羟基-γ-山椒素		$C_{18}H_{27}NO_2$	无色针状（氯仿）
9	羟基-ε-山椒素		$C_{16}H_{25}NO$	无色油状
10	2′-羟基-N-异丁基-2,4-十四烷二烯酰胺		$C_{18}H_{33}NO_2$	白色粉末
11	2′-羟基-N-异丁基-2,4-十四烷三烯酰胺		$C_{18}H_{31}NO_2$	无色油状
12	(2E,4E,8Z,11Z)-2′-羟基-N-异丁基-2,4,8,11-十四烷四烯酰胺		$C_{18}H_{29}NO_2$	无色油状
13	(2E,4E,8Z,11E)-2′-羟基-N-异丁基-2,4,8,11-十四烷四烯酰胺		$C_{18}H_{29}NO_2$	无色油状
14	2′-羟基-N-异丁基-2,4,8,11-十四烷五烯酰胺		$C_{18}H_{27}NO_2$	白色粉末

续表 8-3

序号	化合物名称	结构	分子式	性状
15	γ-脱氢山椒素		$C_{18}H_{25}NO$	无色油状
16	8-酮-N-异丁基-2,4-十四烷二烯酰胺		$C_{18}H_{31}NO_2$	无色油状
17	12-酮-N-异丁基-2,4,8-十四烷三烯烃酰胺		$C_{18}H_{29}NO_2$	无色油状
18	(6RS, 11SR)-6,11-二羟基-2′-羟基-N-异丁基-2,7,9-十二烷三烯酰胺		$C_{16}H_{27}NO_4$	无色糖浆状
19	(6RS, 11RS)-6,11-二羟基-2′-羟基-N-异丁基-2,7,9-十二烷三烯酰胺		$C_{16}H_{27}NO_4$	无色糖浆状
20	(10RS, 11SR)-二羟基-2′-羟基-N-异丁基-2,6,8-十二烷三烯酰胺		$C_{16}H_{25}NO_4$	无色糖浆状
21	(10RS, 11RS)-二羟基-2′-羟基-N-异丁基-2,6,8-十二烷三烯酰胺		$C_{16}H_{25}NO_4$	无色糖浆状
22	6-羟基-11-酮-2′-羟基-N-异丁基-2,7,9-十二烷三烯酰胺		$C_{16}H_{25}NO_4$	无色糖浆状
23	6-酮-11-羟基-2′-羟基-N-异丁基-2,7,9-十二烷三烯酰胺		$C_{16}H_{25}NO_4$	无色糖浆状

续表 8-3

序号	化合物名称	结构	分子式	性状
24	(2E, 7E, 9E)−6, 11−二酮−2′−羟基−N−异丁基−2, 7, 9−十二烷三烯酰胺		$C_{16}H_{23}NO_4$	无色油状
25	(2E, 6E, 8E)−10−醛基−2′−羟基−N−异丁基−2, 6, 8−十烷三烯酰胺		$C_{14}H_{21}NO_3$	无色油状

这 25 种花椒酰胺类物质结构上的变化主要表现在 C 端和 N 端,有的为 C 端不饱和烷基的不饱和度变化,变化范围为 2~5;有的为不饱和烷基氧化成羟基、酮基或醛基;有的为 N 端异丁基结构羟基化成为 2′−羟基−异丁基,或是脱氢成异丁烯结构。此外,不饱和烷基部分顺式双键和反式双键的存在及氧化基团的位置差异,导致天然产物中出现互为同分异构体的结构分子。酰胺中烷基部分氧化成羟基,形成了手性碳原子而出现构象异构体。

花椒麻味物质的结构决定了其是否具有麻味。研究表明,不饱和脂肪酸链部分,以及 N 端异丁基结构是化合物分子具有麻味所必需的结构,是花椒具有麻味所需要的最小结构(见图 8-2)。

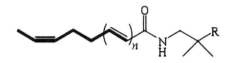

图 8-2　麻味必需结构

最小结构 $R=H$,$n=1$,$x=1$;可选结构 $R=OH$,$n=2$,$x>2$;具有明显麻味的结构:最小结构+2 个可选结构。

三、花椒风味物质的提取方法

(一)花椒精油的提取方法

花椒呈香的物质基础为其内含的挥发油,又称为花椒精油,具有浓厚的芳香气味。目前,花椒香气成分的提取方法主要有传统提取方法和现代新兴提取方法。传统的提取方法主要包括水蒸气蒸馏(HD)法、溶剂提取(SE)法等。现代新兴的提取方法主要包括:超临界 CO_2 萃取(SCFE)法、固相微萃取(SPME)法、同时蒸馏萃取(SDDE)法、单滴微萃取(SDME)法、超声波萃取

(UE)法及微波萃取(ME)法等。不同的提取方法提取花椒香气成分的数量有所差异。

采用新兴提取方法获得的花椒香气成分种类较传统方法更多,其中以固相微萃取(SPME)、单滴微萃取(SDME)及多种新兴技术联合运用的提取效果更优。近年来,为使花椒香气成分提取完全,越来越多的学者将多种现代提取技术联合使用,达到了良好的提取效果。有研究者利用微波蒸馏(MD)法与顶空单滴微萃取(HS-SDME)法提取花椒香气成分共鉴别出了52种香气物质,比相同条件下的水蒸气蒸馏法多鉴别出13种香气物质。研究发现,使用超声波雾化萃取-顶空单滴微萃取(UNE-HS-SDME)法分析花椒的香气成分,发现获得的香气成分含量是超声波雾化萃取(UNE)法的13~500倍,其提取得到的香气成分种类也更多,说明该方法具有更高的精确性和灵敏度。

1. 固相微萃取(SPME)技术

固相微萃取技术是近年来发展起来的一种吸附型样品前处理技术。作为一种前处理替代方法,其具有操作简单、快速、灵敏、费用低、能与气相色谱或液相色谱直接联用等优点。固相微萃取技术原理为挥发性成分富集于萃取头后,将萃取头插入气相色谱进样口,通过色谱分离并定量或定性这些组分。目前,已有很多学者采用固相微萃取技术检测辣椒、红酒、空气、番茄、菜籽油和精油等的挥发性成分。

1)材料

无水乙醇、无水 Na_2SO_4(均为分析纯)、系列烷烃(色谱纯)。

2)仪器

JXD-02 型超声波萃取器;6890N-5975C 气相色谱-质谱联用仪;R-201型旋转蒸发仪;固相微萃取器(100 μm,PDMS 萃取头);DGG-9620A 型恒温干燥箱;QJ3-W1000A 高速万能粉碎机。

3)方法

(1)花椒风干焙烤。

将新鲜花椒置于40 ℃恒温干燥箱中(带循环风)风干至含水量小于5%,即得风干花椒。将上述风干花椒置于200 ℃恒温干燥箱中焙烤数秒,直至能闻到类似油炸花椒香气时结束。

(2)挥发性成分提取。

采用固相微萃取法提取油树脂中挥发性成分。将粉碎后的花椒粉与无水乙醇(1:1)置于密封萃取器中超声辅助萃取 30 min,超声频率 50 kHz、强度0.6 A,水浴温度 50 ℃。加入无水 Na_2SO_4 振荡脱水后旋转蒸发,得到风干花椒和焙烤花椒油树脂。油树脂样品置于 50 ℃恒温水浴中平衡 30 min 后,于 50 ℃环境温度中提取 30 min,上机测试(固相微萃取头 PDMS 在提取样品前需老化)。

(3)气相色谱。

色谱柱:DB-WAX(30 m×0.25 mm,0.25 μm);载气为氦气;热解吸进样,进样口温度 230 ℃;升温程序:起始温度 40 ℃,保持 3 min,接着以 10 ℃/min 速率升至 230 ℃,保持 10 min。

(4)质谱部分。

接口温度 240 ℃,EI 离子源,电子能量 70 eV,全扫描模式,质量范围 10~500 u,溶剂延迟 3 min。

(5)挥发性化合物鉴定。

GC-MS 鉴定花椒中挥发性成分通过 NIST 05 谱库检索结果与保留指数共同确定,化合物相对含量分析采用峰面积归一化法。保留指数采用下式计算:

$$I_x = 100 \times \left[n + \frac{\lg t_r'(x) - \lg t_r'(n)}{\lg t_r'(n+1) - \lg t_r'(n)} \right]$$

式中:I_x 为 Kovats 保留指数;n 为碳数;$t_r'(x)$ 为保留在碳数为 n 和 $n+1$ 正构烷烃之间的目标物的保留时间;$t_r'(n)$ 为碳数为 n 的正构烷烃的保留时间;$t_r'(n+1)$ 为碳数为 $n+1$ 的正构烷烃的保留时间。

2. 顶空单滴微萃取(HS-SDME)法

顶空单滴微萃取法与传统的萃取方法相比,具有操作简单、快速和有机溶剂用量少等特点。在顶空单滴微萃取中,一般用电磁搅拌器搅拌溶液以达到气液平衡,平衡建立的时间较长,一般不适用于固液混合物的样品。超声雾化产生气溶胶,可大大提高气液接触的面积,使气液平衡能很快达到,且超声雾化萃取可适用于萃取固体样品,萃取时间也较短,很适合固液混合样品中被测物的萃取。

1)材料和仪器

GC-MS-QP2010 型气相色谱-质谱联用仪;超声雾化器;超声雾化萃取瓶。

β-月桂烯、D-柠檬烯、异戊酸叶醇酯标准品;十烷、十一烷、十二烷、十三烷、十五烷(纯度>99%);C-6~ C-19 正构烷烃标准混合物;其他试剂均为分析纯;待测原液。

2）芳香成分的提取

超声雾化-顶空单滴微萃取（UN-HS-SDME）系统主要由萃取瓶和超声雾化器构成，玻璃萃取瓶瓶底由 PVC 薄膜密闭，瓶上端有一个进样口。取 4 mL 待测原液与 4 mL 蒸馏水混合加入萃取瓶，用瓶塞将进样口封闭，另一个瓶口固定微量注射器，使其针尖位于样品溶液上方。将萃取瓶置于雾化器上，开启雾化器萃取 5 min，萃取结束后关闭雾化器，并将微量注射器中的 2 μL 十五烷［含 0.01% 十二烷（内标物）］推出，悬滴于针尖。富集 15 min，抽回溶剂微滴，取 1 μL 进行 GC-MS 分析。

3）GC-MS 测定条件

色谱条件：Rxi-5MS 色谱柱（30 m×0.25 mm，0.25 μm）。程序升温：60 ℃ 保持 3 min，以 5 ℃/min 升高至 120 ℃，再以 15 ℃/min 升高至 220 ℃ 保持 5 min。进样口温度为 260 ℃；进样量为 1 μL；载气为氦气，流速为 1 mL/min。质谱条件：离子源温度为 200 ℃，能量为 70 eV。

（二）花椒麻味物质的提取方法

花椒麻味物质大多是链状不饱和脂肪酸酰胺，为白色结晶体，易溶于氯仿，加热溶于石油醚，难溶于甲醇和乙醇；结晶体在室温下放置数分钟后立即变成黄色黏胶状，极性大，易溶于丙酮和甲醇，难溶于氯仿，不溶于石油醚。因此，花椒酰胺类物质常置于安瓿瓶中充氮低温保存。鉴于花椒麻味物质的稳定性较差，故其高纯品极难制备。

目前，花椒麻味物质的主要提取方法包括有机溶剂萃取法、超临界 CO_2 萃取法、超声提取法、溶剂浸提法、微波萃取法等，其中超临界 CO_2 萃取法相关研究较多。

刘雄等（2003）研究认为，无水乙醚是提取花椒中风味成分的最佳有机溶剂，且超临界 CO_2 提取法显著优于有机溶剂提取法。邵杰等（2012）用响应面法对花椒油树脂的提取方法进行优化，结果表明，提取温度 80 ℃、超声时间 5 min、液固比 12∶1、乙醇浓度 56%、超声输出功率 210 W 为最佳的提取条件，此时花椒油树脂的平均提取率为 33.60%。薛小辉（2013）分别用响应面法优化超临界 CO_2 提取法和超声辅助溶剂萃取法提取的工艺条件，得出在最佳工艺条件下前者花椒麻味物质的萃取率为原料的 2.2%，而后者的萃取率仅为原料的 0.015 6%，可见响应面法优化超临界 CO_2 提取法提取效果较好。孙国峰等（2011）通过正交试验对花椒麻味物质超临界 CO_2 萃取的工艺进行考察，结果表明，影响花椒麻味物质提取率的因素按重要性排序为：压力>时间>温度>CO_2 流量>乙醇夹带剂用量。超临界 CO_2 萃取技术对花椒麻味物质的提取效果较好,与其他提取法比较,其提取物质含量高、杂质少、无溶剂残留,但由于设备成本高,实现工业化生产存在困难。

从花椒果皮中提取出的花椒麻味物质成分较复杂,含有较多杂质,如挥发油、色素类,被称为花椒油树脂,因此必须经过一定的处理以除去杂质才能得到纯度较高的花椒麻味物质。目前,常采用硅胶柱层析、色谱法、重结晶等多种分离手段使花椒麻味物质得到有效的分离纯化。付苗苗(2010)采取溶剂萃取法,利用酰胺类物质不溶于冷石油醚,在热石油醚中可溶,而挥发油和色素等物质则可溶于冷石油醚中的特性,以加热作为分离手段而得到纯度较高的花椒麻味物质。薛小辉(2013)采用超临界CO_2提取花椒中的麻味物质,而后将得到的粗提物经过 D152 树脂脱色、硅胶柱层析、聚酰胺层析和 LH-20 凝胶层析进行分离,然后对其结构进行分析,确定得到的物质为羟基-α-山椒素或者羟基-β-山椒素,并筛选出了硅胶柱层析和聚酰胺层析的最佳洗脱剂。朱羽尧等(2015)根据不饱和酰胺类成分在弱极性溶剂中的溶解度随温度变化而呈现较大差异的特性,采用温差结晶法对超临界CO_2萃取得到的花椒油树脂进行纯化,此方法是首次使用简单可行的二次提取和结晶等手段得到高纯度的不饱和酰胺。此外,近年发展起来的高速逆流色谱法也应用于分离纯化花椒的麻味成分。

超临界CO_2萃取技术具有无毒害、产品品质好、产量高的特点,并且处于临界点附近的超临界CO_2流体对溶质的溶解能力极强,压力、温度等的微小改变会极大地改变溶质的溶解度,从而可以在很大程度上进行选择性提取。

1. 材料

花椒的干燥成熟果皮(花椒于 40 ℃以下干燥 8 h,粉碎后,过 40 目筛);正己烷(分析纯)。

2. 仪器

超临界CO_2萃取装置(SPE-ED SFE-2);气相色谱质谱联用仪(6890/5973 型);电子分析天平(AUY120);挥发油提取装置。

3. 萃取

称取 5 g 花椒粉末投入 50 mL 超临界萃取釜中。温度 42 ℃,压力 30 MPa,提取 180 min,萃取得到花椒挥发油。

四、花椒风味物质成分的活性研究

(一)药理活性

1. 抑杀人体寄生虫、致病菌

鉴于历版药典记载花椒具有"杀虫止痒"的功效,现代关于花椒精油抑杀人体寄生虫的研究已趋于成熟。蒋丽艳等(2009)发现花椒精油对皮脂蠕形螨和毛囊蠕形螨均有较好的抑杀作用。花椒香气成分对人体部分真菌、细菌等也有抑杀作用,其中革兰氏阳性菌较革兰氏阴性菌对花椒香气成分更为敏感,原因可能是革兰氏阴性菌细胞壁富含的脂多糖对花椒香气中的抑菌成分有屏障作用,或者壁膜间隙中的酶破坏了花椒籽香气中的抑菌成分。

2. 抗炎镇痛

花椒香气成分有较强的抗炎镇痛作用,Jin 等(2012)用甲醇提取青花椒挥发油后,发现二氯甲烷、乙酸乙酯和丁醇的萃取部位表现出明显的抗炎活性。Wu 等(2014)采用扭体法、热板法、舔尾实验和蟾蜍坐骨神经电位传导测试观察青花椒香气成分的镇痛效果,发现高、中剂量的青花椒挥发油,以及其与维拉帕米联合使用均呈现出较好的镇痛效果,而低剂量的青花椒挥发油没有镇痛活性,这可能与青花椒挥发油主要含有的柠檬烯、芳樟醇和桧烯有关。Pereira 等(2010)研究表明,花椒麻素可显著减轻由福尔马林和辣椒素引起的疼痛。$3\sim6$ mL/kg 醚提物比 $5\sim10$ g/kg 水提物抑制小鼠因乙酸引起的扭体反应效果显著。Tsunozaki 等(2013)研究表明,花椒麻素可通过抑制 Aδ 机械痛觉感受器上的电压门 Na^+ 通道的兴奋达到镇痛效果。

3. 抗肿瘤

花椒中的香气成分能够明显抑制 Hep G2 型人体肝癌细胞的增殖,有望成为肝癌的有效治疗药物,其中活性氧是其诱导癌细胞凋亡的关键信号物质。You 等(2015)研究表明,花椒麻素对 Hep G2 细胞的抑制作用具有明显的时间-剂量依赖效应,其不同浓度处理的 Hep G2 细胞,可显著观察到 Hep G2 细胞凋亡特征。Hashimoto 等(2001)研究表明,花椒麻素可减缓胃癌细胞周期循环,能有效调节胃癌细胞周期的失控。Chou 等(2011)研究表明,花椒麻素可有效引起试验鼠白血病细胞 WEHI-3 细胞和宫颈癌细胞 HL-60 DNA 损伤,诱导细胞凋亡,具有抑制白血球细胞的生物活性。花椒麻素具有抑制 NF1 缺陷型肿瘤细胞增殖的作用。Kyoung 等(2008)研究表明,花椒麻素对肺癌细胞 A549 仅有微弱的细胞毒性。韩胜男等(2014)采用 MTT 法检测花椒挥发油的体外抗肿瘤活性,发现其对 Hela、A549、K562 三种肿瘤细胞的生长均表现出较好的抑制作用。

4. 抑制平滑肌收缩

袁太宁(2009)研究发现花椒挥发油具有抑制离体兔结肠平滑肌、大鼠子宫平滑肌和小白鼠子宫平滑肌收缩的作用,认为其可能与阻断钙通道而减少外钙内流和内钙释放有关。

5. 促进透皮吸收

目前,大部分的化学透皮促进剂都具有对皮肤有毒性或刺激性等缺点,所以将中药挥发油作为透皮促进剂不失为一种好的选择。兰颐(2015)研究花椒挥发油的促透作用,发现其能促进药物(尤其是亲脂性药物)的吸收,原因可能为:其降低了皮肤角质层的屏障作用;花椒挥发油的脂溶性促进亲脂性药物进入皮肤角质层;通过改变角质细胞内 Ca^{2+} 平衡而影响角质细胞膜流动性等。

6. 降血糖、血脂

2014 年,陈朝军等发现灌胃质量比为 1∶8、2∶7和 3∶6的花椒麻素与辣椒素均能延缓大鼠的体重增加,降低大鼠的血脂和肝脂水平,减轻大鼠的脂肪肝症状,对胆固醇代谢循环有较好效果;灌胃花椒麻素和辣椒素后,可增加实验大鼠粪便中胆汁酸含量,下调回肠中 ASBT 和 BABP 的 mRNA 表达量,上调 FXR 的 mRNA 表达量。吕娇(2014)研究表明,分别以 4 mg/(kg·d)的花椒麻素组、去挥发油组、残渣组持续灌胃高脂血症大鼠 28 d 后,花椒麻素可增加高脂血症大鼠回肠 FXR 的 mRNA 表达量和降低实验大鼠肝脏 CYP7A1 的 mRNA 表达量,调节胆固醇在体内的代谢循环。任文瑾(2014)研究表明,花椒精、花椒挥发油和花椒麻素均有调节血脂的作用,作用效果由大到小依次为花椒麻素[4 mg/(kg·bw)]、花椒精[15 mg/(kg·bw)]、花椒挥发油[9 mg/(kg·bw)],花椒麻素对肝脏中固醇代谢的调节效果显著高于其他组。游玉明等(2015)以高脂膳食大鼠为模型,分别灌胃花椒油树脂[15 mg/(kg·bw)]、花椒挥发油[9 mg/(kg·bw)]、花椒麻素[4 mg/(kg·bw)] 28 d 后发现,花椒麻素可显著降低高脂膳食大鼠血清及肝脏中胆固醇(TC)和甘油三酯(TG)的含量,增加粪便中胆汁酸及中性固醇含量,有效下调肝脏和回肠中 3-羟基-3-甲基-戊二酰 CoA 还原酶(HMG-CoAR)及回肠胆盐转运蛋白(ASBT)等基因的 mRNA 表达量,显著上调肝脏 7α-羟化酶(CYP7A1)及回肠法尼酯受体(FXR)的 mRNA 表达量。花椒麻素对高脂膳食大鼠脂质代谢紊乱有良好的改善作用。以 STZ 糖尿病大鼠为模型,持续灌胃 9 mg/(kg·bw)、6 mg/(kg·bw)和 3 mg/(kg·bw)的花椒麻素 28 d 后发现,花椒麻素可显著上调糖尿病大鼠肝脏中 GK 和 TRPV1 的 mRNA 表达量,同时显著下调了大鼠肝脏中糖异生关键酶 PEPCK 和 G6Pase 的 mRNA 表达量。此外,花椒麻素还可显著上调糖尿病大鼠胰腺中与胰岛素分泌相关的 PDX-1、GLUT2、GK 及其 TRPV1 的 mRNA 表达量,并能下调大鼠肝脏及胰腺中 CB1 的 mRNA 表达量。以上结果表明,花椒麻素改善糖尿病大鼠糖脂代谢紊乱的可能机制是通过抑制糖异生作用,减少肝糖的输出,并能修复胰岛功能,促进胰岛素的分泌。另外,花椒麻素既是 TRPV1 受体的激活剂,也是 CB1 的拮抗剂,激活的 TRPV1 受体可通过上调 GLUT4 的 mRNA 表达量,改善糖尿病大鼠糖脂代谢紊乱。

7. 保护胃肠道

肠道微生物每天消耗 60%～80% 进入大肠的多糖、低聚糖、蛋白质、肽和糖蛋白等未消化残渣,肠道微生物可利用这些残渣合成必需氨基酸,如天冬氨酸、苯丙氨酸、缬氨酸和苏氨酸等,并参与机体蛋白质代谢。花椒麻素(25～100 μg/mL)在大鼠肠道的吸收过程属于一级动力学过程,属被动转运,吸收部位主要是空肠和回肠,而肠道菌群种类繁多,数量是人体细胞的 10 倍,包含的宏基因组更是达到 100 多倍。近年来的研究发现,肠道微生物组可参与机体蛋白质和糖类代谢,被认为是人体的"第二基因库"。Hashimoto 等(2001)探讨了山椒素对胃肠动力的影响,结果表明,花椒麻素可显著松弛胃体环形肌,收缩结肠远端和回肠的纵行肌;可增加肠道缺血段的血流量,促进内源性肾上腺髓质素(ADM)的释放,改善肠道微血管循环障碍的作用。另外,花椒麻素能诱导迷走神经释放内在的乙酰胆碱和感觉神经元释放速激肽(tachykinin),促进小肠蠕动。Tokita 等(2015)研究发现,羟基-α-山椒素及羟基-β-山椒素可能通过促进 P 物质、5-羟色胺和前列腺素 E2 等的分泌,从而促进肠道平滑肌细胞的收缩。此外,山椒素可通过调节 TRPV1 的 mRNA 表达量治疗术后肠粘连。Kono 等(2011)研究表明,α-山椒素具有改善克罗恩病(Crohn's disease)大鼠结肠微血管循环障碍的作用。

8. 麻醉

花椒有较强的麻醉作用,临床上已将花椒麻素作为口腔科的安抚剂广泛使用。Tarus 等(2006)用花椒麻素涂抹于舌部 30 s 后,舌部麻木感显著,可持续 20～80 min,充分证明了花椒麻素是花椒产生麻醉作用的物质基础。Etsuko 等(2005)研究表明,服用 5% 花椒麻素的蔗糖溶液后,可产生强力的麻刺感和灼热感。花椒麻素的麻醉特性与其种类有关,其中羟基-α-山椒素局部麻醉作用比羟基-β-山椒素和羟基-γ-山椒素强,其半数有效量(50% effective dose,ED50)低于利多卡因和丁卡因,接近普鲁卡因。此外,印度将花椒称为"牙痛树",用于治疗牙痛。

9. 影响蛋白质代谢

糖尿病不仅引起体内血糖、血脂水平的升高,而且会引起机体内蛋白质代谢紊乱。花椒麻素能促进胰岛素的分泌,而胰岛素则可通过激活 PI3K/Akt/mTOR 信号通路促进组织蛋白质合成,抑制蛋白质分解的作用。任廷远

(2017)和 Ren 等(2017),运用大鼠动物活体实验,采用 qPCR 和 western-blot 等技术从核酸水平和蛋白水平研究了花椒麻素对不同体质(健康、糖尿病-Ⅰ型)大鼠个体的机体内蛋白质合成代谢的 mTOR 途径、AMPK 途径和分解代谢的 UPP 途径的影响,研究结果表明,花椒麻素对不同体质(健康、糖尿病-Ⅰ型)大鼠个体的机体内蛋白质合成的影响及机制存在差异。对健康大鼠的影响主要是增加相对骨骼肌重量、降低腹脂率;增加血清和组织 IGF-I 含量显著($p<0.05$),而对 Ins 的影响不显著($p>0.05$);促进机体内相应 α-酮酸的合成;并以 IGF-I→PI3K→PKB 信号途径激活 mTOR,而对氨基酸/氨基酸转运载体的信号途径和 AMPK 途径的影响不显著($p>0.05$)。对糖尿病大鼠的影响主要是增加相对骨骼肌重量;不仅显著增加血清 Ins 含量,而且血清和组织中 IGF-I 含量同样显著增加;可激活 AMPK 途径;糖尿病大鼠骨骼肌蛋白质合成增强是 mTOR 途径和 AMPK 途径的综合结果,而且 Ins/IGF-I→PI3K→PKB 途径占主导地位。虽然花椒麻素对不同体质(健康实验 SD 大鼠、糖尿病实验大鼠)蛋白质合成的信号途径均为 PI3K→PKB→mTOR,但两者又存在差异,在健康 SD 大鼠体内,花椒麻素激活 PI3K→PKB→mTOR 途径的信号因子为 IGF-I;而在糖尿病实验大鼠机体内,花椒麻素激活这一信号途径信号因子是 Ins 和 IGF-I 共同作用的结果。结合相关文献可知,花椒麻素对健康 SD 实验大鼠主要体现为促进蛋白质合成;花椒麻素对糖尿病实验大鼠不仅促进蛋白质合成,而且对机制蛋白质分解具有抑制作用。

10. 其他

近年来的研究表明,花椒麻素还具有抗氧化和除皱等功能。花椒挥发油能够通过降低血清过氧化脂质水平和抵抗脂质过氧化损伤而达到降血脂并减轻动脉粥样硬化的作用,这说明花椒挥发油具有一定的抗氧化活性。花椒麻素具有较强的清除自由基的能力,一定剂量的花椒麻素可提高 Hep G2 细胞内的 SOD 酶活性,降低 MDA 的含量。Artaria 等(2011)研究结果表明,花椒麻素具有长期除皱效果,可作为一种新的化妆品成分开发。Chen 等(1999)研究发现花椒麻素具有凝血功能,花椒麻素 5 位上的碳链中双键数量越多,抗血小板凝集活性效果越差。花椒挥发油还能够改善银屑病,其机制可能与抑制角朊细胞、T 细胞的增殖和炎症细胞的渗出有关。

(二)生物活性

1. 防虫抑菌

目前,农产品所用的大部分杀虫抑菌农药对人体都有一定的危害,天然、无害的植物杀虫剂有广泛的应用前景。现有多篇文献证明花椒挥发油在防治农产品虫害和致病菌方面有良效,如花椒挥发油对赤拟谷盗、玉米象成虫、绿豆象等多种储粮害虫都有较强的熏蒸和触杀作用。另外,Li 等(2014)发现花椒挥发油和 α-蒎烯都能够有效控制干腐病菌诱导的马铃薯干腐病,其中挥发油的抗菌活性比 α-蒎烯更强,原因可能是挥发油能够更有效地破坏干腐病菌细胞膜的完整性和抑制孢子发芽。

2. 抑菌防腐

花椒香气成分可作为一种天然、无毒的抑菌防腐剂用于食品防腐,其抗菌防腐能力较食品行业中常用的山梨酸钾更强,其中柠檬烯、芳樟醇、β-蒎烯和 α-萜品醇等都具有较强的抗菌活性。花椒香气成分对金黄色葡萄球菌、枯草杆菌、蜡样芽孢杆菌、侧孢芽孢杆菌和大肠杆菌等多种细菌均有抑杀作用,通过破坏细菌细胞膜和细胞壁的完整性,以及使细胞质外流而改变细菌的细胞结构,造成细菌细胞膜的选择性渗透功能的丧失是导致其死亡的原因。

五、花椒风味物质检测及评价

(一)花椒麻味物质的检测方法

随着近十年来现代生物、物理、信息技术的广泛应用,越来越多的现代分析测试技术应用到花椒麻味物质的检测中来,目前用到的定量测试方法主要有高效液相色谱法、气相色谱法、气质联用检测法、薄层层析检测、紫外分光光度法、近红外光谱检测法,以及近年发现的基于甲醛滴定快速检测方法等。

1. 薄层层析检测

薄层层析技术在天然产物的提取分离过程中常用于定性测量,应用于定量检测的较为少见,检测时采用比较显色斑点大小的方法进行定量检测。在用于检测花椒中酰胺类物质含量时,有操作简便、检测速度快等优点。该方法重复性不高,准确度较低。

2. 紫外分光光度法

紫外分光光度法常用于定性、定量测定具有紫外吸收的化合物。其检测方法简单快捷,投入成本少。付陈梅等(2004)将制备所得花椒酰胺类物质作标准样品,在 254 nm 下测定其吸光度。结果表明花椒酰胺含量在 0~250 μg/mg,具有较好的线性关系。该方法重复性良好,操作简单,可用于定量检测花椒中酰胺物质含量。

刘娜等(2008)利用紫外分光光度法直接测定花椒油中麻味物质的含量,建立了不同储存条件下同一花椒油样品麻味测量值的数据。紫外分光光度法由于其测量精准度低,检测限制条件较多,因此在麻味检测方面的应用受到一定的限制。

3. 高效液相色谱法

高效液相色谱（HPLC）法在物质含量的定量检测方面应用较为广泛，其原理为：通过检测器中物质的量与检测器的响应信号成正比，利用峰面积大小反映溶液中溶质含量。在分析极性强、热稳定性差、难挥发性物质上有良好的效果。

西南大学的研究者通过对花椒油树脂分离纯化得到纯度 85% 以上的花椒酰胺物质，经测定为羟基-α-山椒素或羟基-β-山椒素，以及其同分异构体，并以此为标准品，利用 HPLC 进行花椒酰胺物质含量的测定。西南大学余晓琴（2010）利用 HPLC 建立外标法对花椒中麻味物质进行测量，其色谱柱为迪马铂金 C18，检测波长 254 nm，流动相乙腈:水为50:50，柱温40 ℃，流速0.8 mL/min，显示含量测定效果良好。余晓琴依据该方法对 123 份全国不同产地的花椒麻味物质进行测量，结果显示红花椒麻味物质含量范围为 1.268～16.905 mg/g，青花椒麻味物质含量范围为 3.669～20.108 mg/g。青花椒麻味物质的平均含量高于红花椒。

HPLC 检测过程较为烦琐，且需要标准品进行检测。而市场上至今没有花椒麻味物质的标准品出售，研究者们在进行 HPLC 定量检测时，需先制备标准品，这不仅加大了工作量，而且由于制备标准品的不统一性，且目前用于检测的标准品多为酰胺物质混合物，没有单一的纯品，这都为该方法在定量测定方面造成了困难。

4. 气相色谱法及气质联用检测法

气相色谱法和气质联用法可用于花椒中麻味物质的定量检测，具有检测灵敏度高、选择性强、分析速度快等优点，是一种高效率的检测方法。付陈梅（2004）用气相色谱法对花椒中麻味物质进行定量检测，采用方法为外标法，以分离纯化的酰胺类物质晶体为标准品进行测定，检测条件为：HP-1 石英毛细管柱，30 m×0.25 mm，进样量 1 μL，氮气作为载气系统，进样口温度250 ℃，接样口温度 280 ℃，柱温 160～250 ℃，升温速率 3 ℃/min。花椒中麻味物质溶液浓度在 0～500 μg/mL 范围内，线性关系良好，检测麻味物质含量结果较为准确。但该方法也需要制备标准品，操作烦琐，检测条件要求严格等问题。

5. 近红外光谱检测法

近红外光谱检测分析是近年来发展起来的一种快速检测物质中化学组分含量的分析测试技术。其原理是利用物质对红外光区电磁辐射的选择性吸收来进行物质的结构、定性及定量分析,它包括了该谱区所有含氢基团信息,可用于测量样品的物理性质和化学性质。近红外光谱检测法在用于样品含量检测方面具有简单、分析时间短、样品无须进行前期处理、无论纯品还是混合样品都能进行检测、价廉的优点。

祝诗平等(2008)利用近红外光谱法,提出了快速检测花椒中麻味物质含量的一种可行性方法,首先将采自全国各地的141份花椒样品粉碎至40目,然后利用基于主成分遗传算法的近红外光谱建模样品选择方法,筛选样品,得到80份较优样品。将该80份样品分成60份和20份两部分,应用偏最小二乘法(PLS)将60份样品建立近红外光谱校正模型,20份样品进行预测,结果显示预测相与建模相偏差小,该方法对花椒中麻味物质含量的测定有一定的预测能力。

6. 快速检测方法——滴定分析法

鉴于现阶段花椒中麻味物质分离纯化的现状,许多研究人员致力于寻找快速检测花椒中总酰胺物质含量的方法。希望寻找途径避免在分离纯化麻味物质标准品过程中造成的不准确和烦琐性。李菲菲等(2014)利用甲醛滴定法检测花椒中总酰胺物质的含量,避免了提取分离标准品的烦琐性和检测的不稳定性。其基本检测原理是利用甲醛灵敏滴定弱酸性酰胺的 NH_4^+。利用超声波辅助设备提取花椒中总酰胺物质,排除花椒中蛋白质、氨基酸、生物碱等含氮物质对测定结果的影响;然后用浓硫酸将酰胺转变为铵态氮,即可用甲醛滴定进行检测。研究人员通过用该方法和高效液相色谱法对麻味物质检测,进行校正和验证该方法的准确性,结果显明系统误差在接受范围内,表明该方法可用于测量花椒中麻味物质总量,且具有简单、快捷和准确等优点。但该方法与液相色谱、气相色谱相比较,还存在灵敏性不高的问题。

上述对现阶段用于花椒中麻味物质定量检测的各种方法的优缺点已进行总结和概述,在今后花椒中麻味物质定量检测研究中,应从以下几方面进行改进:

(1)致力于花椒中麻味物质标准品的制备。目前研究认为花椒中麻味物质主要为α-山椒素、β-山椒素、γ-山椒素、羟基-α-山椒素、羟基-β-山椒素、羟基-γ-山椒素等,只有得到该6种化合物的纯品,再利用高效液相色谱法、气相色谱法及气质联用检测法等方法检测,含量测定结果才更加准确。

(2)在没有标准品的情况下,应结合多种检测方法进行定量检测及校正。如利用薄层层析检测和紫外分光光度计法等简便快速的检测方法进行初步筛选和检测,确定麻味物质含量的范围,再利用高效液相色谱法、气相色谱法等较为准确地进行麻味物质含量校准、重复性和精确度检验。

（3）花椒麻味物质新型检测方法，应另辟蹊径，避免在传统检测时必须有花椒麻味物质标准品的要求。直接参照一些花椒中酰胺类物质特有的参量，如酰胺类物质中必需元素或者构成花椒麻味物质的必需结构作为检测标准进行检测。

改进现有的检测方法，以及寻找更加简便可行的准确测定花椒中麻味物质的检测技术，对创新花椒中麻味物质的定量检测方法，建立不同产地不同品种花椒的特征成分数据库，完善花椒质量评价体系和质量评价标准有着深远的意义。

（二）花椒香气评价方法

花椒挥发油中存在多种香气成分，但其中仅有一小部分香气成分对花椒的香味具有贡献，其被称为香气活性成分。花椒的呈香程度主要与其香气活性成分的组成、含量及香气贡献值有关。香气贡献值的大小主要取决于香气成分含量的高低及香气成分的阈值（人感官嗅到某香气成分的最低浓度）。目前，用于分析花椒香气活性成分以及其香气贡献值的方法主要有两种：气相色谱-质谱-嗅闻联用（GC-MS-O）法和香味值（OAV）计算法。

1. 气相色谱-质谱-嗅闻联用（GC-MS-O）法

气相色谱-质谱-嗅闻联用法中以稀释分析法（AEDA）应用最多，其以 FD 值（嗅辨员无法感知到该香气成分的最大浓度稀释值）表示花椒香气成分的香气贡献值，香气阈值大于感官阈值的香气成分才被认为具有香气贡献。FD 值越大，说明该香气成分对香气的贡献越高，是关键的香气活性成分。陈海涛等（2017）通过采用 AEDA 法从炸花椒油中共鉴定出 44 种香气活性成分，其中以芳樟醇、柠檬烯、大根香叶烯 D、乙酸芳樟酯、乙酸松油酯等的 FD 值较高，为炸花椒油中的关键香气活性物质。杨峥等（2014）采用 AEDA 法从汉源红花椒和金阳青花椒中共鉴定出 13 种香气活性成分，其中桧烯、月桂烯、柠檬烯、芳樟醇、4-萜品醇、乙酸芳樟酯的 FD 值较高，对花椒香气的贡献较大。

2. 香味值（OAV）计算法

香气成分的实际呈香程度可依据香气值进行量化评价。香气值等于某香气成分的浓度与其阈值之比，即香气值越大，说明该香气成分的香味越强，对香味的贡献越大。吴素蕊（2007）通过比较青花椒香气成分的香味值发现，青花椒中最主要的香气成分是芳樟醇，其次是桧烯、β-月桂烯、α-蒎烯、柠檬烯等。Yang 等（2008）提出香气特征影响值（ACI）用于评价某种香气成分的贡献值,即 ACI 值越大,该香气成分的香气贡献值愈大。其通过计算青花椒和红花椒的 ACI 值发现,芳樟醇、α-萜品醇、月桂烯、桉树脑、柠檬烯和香叶醇的香气贡献值最大,6 种香气成分的 ACI 值之和高达 90% 以上。

GC-MS-O 和 OAV 计算法均可作为鉴定花椒活性香气成分和评价花椒香气的重要手段,但两种方法各有不足之处,GC-MS-O 在香气评价过程中可能会出现嗅辨员闻了香味,但该香气成分却未被检测到的情况。这可能是由于该香气成分浓度低于检测限,从而难以准确评价香气。OAV 计算法通过计算每种香气成分的香味值,着重于个体的香气贡献,却忽略了香气成分之间的协同和拮抗作用对整体香气的影响。因此,将两种香气评价方法综合使用才能较为全面、准确地对花椒香气进行评价。

(三)花椒麻度评价方法

相比辣椒等刺激性食物,针对花椒麻味及其强度的研究较少,现有的研究更多的是对麻味强度的一种估算,主要是用口、鼻、舌等感官评判麻香程度,以及有无异味。因目前市场上没有花椒麻味物质的标准品,也无此方面的检测方法标准,故将麻度、香气作为感官指标,采用鼻嗅、口尝的方法评定。有研究根据花椒内外果皮色泽、滋味、气味和整齐度进行产品分级,共分为特级、Ⅰ级、Ⅱ级和Ⅲ级,每个等级必须符合相应等级指标。其中,特级和Ⅰ级的滋味皆为"麻味浓烈、持久、醇正",气味皆为"香气浓郁、醇正";Ⅱ级滋味为"麻味较浓、持久、无异味",气味为"香气较浓、醇正";Ⅲ级滋味为"麻味尚浓、无异味",气味为"具香气、尚醇正"。

2020 年 3 月,国家标准《感官分析—花椒麻度评价—斯科维尔指数法》(GB/T 38495—2020)颁布实施。该标准的实施,对我国花椒及其相关产业以品质为目标导向,在品种选育、原料分级、麻味食品质量检验与控制、优质优价、风味设计等方面的技术进步与升级提供了不可或缺的方法标准支撑。

第二节　花椒基础研究进展

一、花椒非挥发物质研究

(一)氨基酸

花椒中所含氨基酸种类齐全,其中包括 8 种必需氨基酸(异亮氨酸、亮氨酸、蛋氨酸、苏氨酸、缬氨酸、苯丙氨酸及赖氨酸)、2 种半必需氨基酸(精氨酸和组氨酸)和非必需氨基酸。氨基酸是构成机体蛋白质和多肽的重要组成成分,在维持机体的生命活动中起着至关重要的作用。花椒可以作为一种新型的植物蛋白资源,提供机体所需的营养成分。有些研究者对不同产地青花椒中营养成分及香气成分进行研究,结果表明:青花椒中含有丰富的氨基酸,并且花椒籽中氨基酸含量明显高于果皮中含量,不同产地的花椒种质中氨基酸含量存在差异。原洪等(2018)以花椒籽蛋白为肽源,$FeCl_2$为铁源制备肽铁螯合物,采用单因素试验和正交试验,以花椒籽蛋白水解肽与铁的螯合率为指标,确定了最佳螯合工艺条件,并对肽铁螯合物进行氨基酸组分分析,其氨基酸总含量为62.71%,必需氨基酸含量为16.41%,且赖氨酸为第一限制氨基酸。伍俊梅等(2018)综合运用多种化学方法对茂县花椒叶嫩芽进行化学成分分析,并探究其体外抗氧化活性,结果检测出 17 种氨基酸,总含量达到23.52%,且茂县花椒叶嫩芽氨基酸组成均衡,风味物质含量丰富,含有一定的抗氧化活性,具备食用开发的潜力,为花椒叶资源综合利用提供参考。同时,花椒中的植物蛋白能够与动物蛋白相结合,对人体营养补给起到良好的互补作用,为研究氨基酸含量高、营养成分分配更为合理的花椒优良品种,能够达到食品替补品的功效,极具现实意义。

　　各种氨基酸对花椒风味的贡献不一。研究表明,食物中所含氨基酸由两部分组成,一部分是作为蛋白质基本结构的非游离氨基酸,另一部分是处于游离状态的氨基酸。非游离氨基酸在食用过程中并不能立即水解,对食品的风味贡献不大,因此研究氨基酸对食品的风味贡献时,有必要测定游离氨基酸的组成与含量。氨基酸在结构上的差别取决于侧链基团的不同,这一差别也影响了氨基酸的口味感官。按照氨基酸的味觉强度,可以大致把氨基酸分为甜味氨基酸(甘氨酸、丙氨酸、丝氨酸、缩氨酸、脯氨酸、组氨酸)、苦味氨基酸(缬氨酸、亮氨酸、异亮氨酸、蛋氨酸、色氨酸、精氨酸)、鲜味氨基酸(赖氨酸、谷氨酸、天冬氨酸)、芳香族氨基酸(苯丙氨酸、酪氨酸、半胱氨酸)等。不同花椒群体果皮氨基酸检测结果显示,花椒果皮样品中味觉氨基酸含量从高到低为:甜味氨基酸、鲜味氨基酸、苦味氨基酸、芳香族氨基酸。不同氨基酸的味觉阈值不同,含量高的风味氨基酸并不一定对食品的风味贡献大。亮氨酸、蛋氨酸和酪氨酸对花椒的整体风味没有贡献,其余各氨基酸对花椒风味影响大小依次为天冬氨酸、谷氨酸、精氨酸、半胱氨酸、赖氨酸、组氨酸、脯氨酸、异亮氨酸、甘氨酸、苯基丙氨酸、丝氨酸、缬氨酸、丙氨酸、苏氨酸。天冬氨酸属于鲜味氨基酸,增加了花椒的风味,对花椒风味贡献最大,也最为重要。

　　研究花椒中氨基酸的含量对培育高品质的花椒品种具有重要的作用和价

值,并且依据花椒中氨基酸含量差异开发不同的花椒种质,实现植物蛋白的综合利用,对探索花椒资源的高效利用具有重要意义。

(二)蛋白质

长期以来有关花椒籽的深加工研究很少,而且花椒籽在科学研究过程中一直被当成副产物不加利用或者稍加利用后就丢弃,造成花椒籽资源极大的浪费和污染环境。

近年来,随着对花椒籽油的探索,为花椒籽中蛋白质的开发利用开辟了一条崭新的道路。花椒籽中的蛋白质含量较为丰富,蛋白质含量高达 60.34%。其中,大红袍花椒籽中含清蛋白 16.38%、球蛋白 41.09%、醇溶蛋白 2.53%、谷蛋白 33.29%。对分离出的 4 种花椒籽蛋白质的亚基大小进行 SDS-PAGE 电泳分析测定,分析结果表明,花椒籽中清蛋白和球蛋白及醇谷蛋白主要含有 3 种相对分子质量在 12.5~35.0 kDa 的蛋白质亚基,等电点(pI)为 3.6,相对分子质量分别为 37 kDa、20.2 kDa 和 0.97 kDa。另外,寇明钰(2006)采取碱溶液酸析法对花椒籽中蛋白质进行提取,其研究结果表明:在 25 ℃下,1:10 的料液比,pH 10.0(碱液)或 pH 5.0(酸析)时蛋白质的提取工艺最佳,可以有 54.76% 的蛋白质提取率和 74.1% 的蛋白质含量;较优质蛋白质氨基酸评分为 58 分。宋燕等(2012)通过运用酶解法,在 pH 6.4、温度 51.3 ℃、料液比 1:25、酶添加量 5.43% 的条件下,花椒籽蛋白质提取率可达到 77.21%;通过对其蛋白质相对分子质量进行测定,得出蛋白质产品相对分子质量约为 21.5 kDa、33.0 kDa。花椒籽中含有丰富的蛋白质,因此对花椒籽进行深入研究和开发具有重要的实用价值,并且可以填补这一领域的空白。花椒籽中蛋白质作为一种新兴的蛋白质资源,对其进行研究、开发和利用需求迫切,并且对花椒良种选育具有至关重要的价值和意义。

(三)脂肪

花椒籽是花椒的重要组成部分,且比重较高,是花椒果皮加工以后的主要副产物,富含油脂且价格低廉,花椒籽作为一种新的油脂资源,具有很大的开发潜力。研究表明:花椒籽是一种含油量异常丰富的油脂资源,其含油量可达 20%~25%。花椒籽油,因其风味独特、芳香浓郁、微带麻辛等特点,已经成为消费者餐桌上不可缺少的佐料之一。此外,花椒油脂也被广泛用于色拉油的精制并成为人造奶油等高档食用油的原料。花椒油脂在工业用油方面也具有广泛的前景。花椒油脂作为一种半干性油脂,是生产涂料、加工肥皂、制造磺化油及润滑油的重要油脂原料。

花椒籽油脂肪酸含量及种类丰富,不饱和脂肪酸的总量可达 84.0%,主要含有 7 种脂肪酸:油酸(25.271%~31.367%)、亚油酸(17.703%~32.639%)、亚麻酸(17.367%~24.134%)、软脂酸(9.907%~22.016%)、棕榈酸(2.418%~8.412%)、硬脂酸(2.045%~2.768%)、十七碳烯酸(0.223%~0.367%)。其中,α-亚麻酸是机体所必需的脂肪酸,是机体合成 EPA、DHA 所必需的前体物质,能维持机体健康、有效预防和治疗动脉粥样硬化、降低血清胆固醇、降低冠心病及心律不齐等心血管疾病的发生率,对提高机体免疫力、降低癌变概率等都具有重要意义。通过对不同产地红花椒籽油脂肪酸组成的比较研究发现:不同产地的花椒籽油中油酸、亚油酸、亚麻酸、饱和脂肪酸、单不饱和脂肪酸和多不饱和脂肪酸含量间差异较大,可将红花椒籽的含油量和脂肪酸组分的差异作为鉴别其产地的指标。为了解环境因素和籽油脂肪酸之间的关系,通过对我国南方和北方花椒籽油的脂肪酸测定及地理变异分析,建立了分类模型区分不同花椒籽油的栽培品种,为花椒种质鉴定提供新的思路和方法。

近年来,随着我国花椒栽培面积的迅速增长,花椒籽的产量也逐年增加。随着花椒育种技术的进步及花椒籽加工技术的提升,花椒籽作为一种新兴的油脂资源,必将具有更高的开发利用价值。

(四) 生物碱

研究表明,生物碱具有复杂的形态结构及生理活性。花椒属植物含有的生物碱种类更是多种多样。按其母核可分为喹诺酮衍生物类生物碱、喹啉衍生物类生物碱、异喹啉衍生物类生物碱和苯并菲咤衍生物类生物碱。生物碱类物质具有许多特殊而显著的生理作用,主要有抑制血小板凝集、抑制 DNA 异构酶和抑菌抗炎的功效。这些生物碱可以游离态存在,也可以季铵盐的形式存在。刘锁兰(1991)研究了第一个从花椒中发现的喹啉酮类生物碱,即青花椒碱。

正是由于生物碱所具有的重要作用,国内外诸多学者对花椒中的生物碱进行了大量研究,如,石雪萍(2008)使用酸性染料比色法测定了花椒果皮中总生物碱的含量,结果显示花椒果皮中总生物碱含量为 0.95%;Chen 等(1995)在进行野花椒生物碱的分离时,指出野花椒中含有两种新的生物碱;李航(2006)等在研究竹叶椒的化学成分时,分离得到了茵芋碱;石雪萍(2008)在进行青花椒的成分分离分析时,指出青花椒中的生物碱有白藓碱和茵芋碱。

(五) 黄酮、多酚类物质

黄酮类化合物是植物中一类常见的生物活性成分,有研究显示,花椒中总黄酮含量约 20%,花椒种植的产地、花椒的品种和花椒采收的时间等都对花椒黄酮的含量与成分有较大影响。近年来,许多学者致力于花椒果皮中总黄酮的研究,如吴亮亮等(2011)在对花椒总黄酮提取技术研究的基础上,指出花椒果皮中的总黄酮含有 5 种以上的成分,分别为槲皮素、芦丁、异鼠李素等;刘海英等(2009)对花椒果皮黄酮的研究则指出花椒果皮中的黄酮类物质含量丰富,可达 157.7 mg/g。不同种质、种源花椒果皮中的总黄酮、总多酚含量及黄酮的种类皆存在显著差异,其中总黄酮含量以凤县大红袍花椒最高,达 190.7 mg/g。

(六)香豆素

香豆素也是花椒所含的成分之一,具有芳香甜味。香豆素在动物体内有毒性、抗菌、抗凝血和光敏、使平滑肌松弛等作用。花椒果皮中香豆素的类型有吡喃香豆素和简单香豆素,其中前者可以看成是香豆素苯环上的邻羟基环和异戊烯基合并而形成,此外还有呋喃香豆素类。

(七)矿物质

在花椒中可以检测到磷、铁、钙等矿物质元素,这些元素在人体生命活动中起着很重要的作用,不仅是多种酶的组成成分,能够促进机体新陈代谢,而且在花椒药理作用中也起着重要的作用。

(八)花椒叶化学成分研究

花椒叶是一种很好的调味品和重要的中药。用作调料,可以使肉类菜肴美味,并能够去腥味,起到消毒、抑菌的作用。用作中药,有保暖肠胃、去除风寒、温中化痰、止咳平喘、帮助消化、活血通经和抑制疼痛等功效,还有消毒止痒的功能。花椒叶中还含有丰富的蛋白质和氨基酸等营养成分,具有较高的食用价值。彭惠蓉等(2011)研究发现贵州顶坛花椒幼嫩茎叶蛋白质中必需氨基酸的种类、组成比例较好含量较高,质量高,特别是在稻米和小麦等主食中,所含第一限制氨基酸——赖氨酸的含量很高,有较高的营养价值。研究显示,花椒叶中还存在大量生物活性成分,包括黄酮、多酚、生物碱等,研究者们对这些成分的抗氧化活性进行了进一步探讨。杨立琛等(2012)通过 HPLC/MS 的方法鉴定出河北省花椒叶中的 13 种多酚类物质,结果表明绿原酸、金丝桃苷和槲皮苷是花椒叶中的主要成分。李君珂等(2015)的研究结果表明,花椒叶多酚提取物可有效降低白鲢咸鱼的脂肪氧化水平,使鱼肉形成优质的风味和口感。

目前,从花椒叶中已分离和鉴定出十多种黄酮类物质。范菁华等(2010)认为花椒叶类黄酮提取物对羟基自由基等具有较强的清除能力。Yang(2013)从花椒叶中提取、分离、纯化和鉴定了黄酮类化合物,并获得了 12 种有效成分,根据从高到低的含量排序,依次是槲皮苷(2 347.97 μg/g)、金丝桃苷(230.35 μg/g)、芦丁(390.37 μg/g)、表儿茶素(92.74 μg/g)、牡荆素(87.28 μg/g)、芹菜素-8-O-阿拉伯糖苷(40.89 μg/g)、槲皮素-3-芸香糖-7-鼠李糖苷(29.55 μg/g)和山奈酚-3-芸香糖苷(16.84 μg/g)等类黄酮物质和绿原酸(3 133.67 μg/g)、奎宁酸(44.40 μg/g)和5-阿魏酸奎宁酸(16.84 μg/g)三种多酚。He(2016)采用两相体系ATPS从花椒叶中提取与纯化出槲皮苷、金丝桃苷、芦丁和阿福豆苷。相比用60%乙醇提取物,采用ATPS提取法使得槲皮苷、金丝桃苷、芦丁和阿福豆苷在提取物中的含量分别增加了49.9%、38.8%、45.6%和36.8%。通过ATPS法提取到的提取物也显示出更强的抗氧化活性,其中,2,2-二苯基-1-苦基肼基IC50值(10.5 μg/mL)降低41.8%,2,2-偶氮双(3-乙基苯并噻唑啉-6-磺酸)二铵盐值(966 μmol Trolox/g)和铁还原力值(619 μmol Trolox/g)分别增加29.8%和53.7%。这些研究结果显示,花椒叶很可能成为保健品和食品行业功能性食品配料中的天然抗氧化剂。

二、花椒遗传多样性研究

我国花椒栽培历史十分悠久,经过长期的种植和选择,各主产区形成了特色鲜明的花椒栽培资源。市场上花椒良种苗木紧俏,种质资源混乱,良种化开发程度不够,以次充好现象日益严重,影响了各地花椒种质资源的高效开发。同时,随着花椒无性系的规模化栽培,还面临遗传多样性变窄及发生毁灭性病虫害的威胁。国内花椒多层次种质资源遗传变异的遗传相似性和差异性受到业界的共同关注。

遗传多样性是生物多样性的基础和重要组成部分,亦称基因多样性。种质资源遗传多样性是人类可持续发展的重要保障。目前,全球生物多样性在急剧下降,每个物种本身均具有独特的生态、经济和科学研究价值,如何合理高效利用和保护种质资源遗传多样性已成为当前生物领域的研究热点之一。因此,对遗传多样性的深入研究是进行林木遗传改良的基础和重要方向,了解生物种内遗传变异的大小,有益于目的基因,特别是特异稀有基因的挖掘,从而对现代育种学取得突破性进展有重要作用,并为制定有效的种质资源管理策略提供重要依据。

目前,国内外对花椒的研究多集中于形态学、细胞学和生理生化方面,所获得的信息少、多态性差,易受环境及发育时期等影响制约。近年来分子生物学的迅速发展为植物的分子标记辅助育种、遗传关系等研究开辟了新路径,特别是分子标记技术已经成为植物品种遗传基础研究的重要手段。在DNA分子水平上研究花椒的遗传变异系和遗传多样性较少,仅有的分子标记方面的研究只限于部分地区(陕西、重庆、四川等地)的少数群体和个体。

有些学者利用 RAPD 多态性分析从分子水平上分析了花椒种质资源较为复杂的遗传背景。宋琴芝等(2007)结合形态学和分子生物学,首次对西南花椒属植物进行了种间和种内亲缘关系的研究,并对花椒属下的亚属重新规划,将该属分成 5 个小组。邓洪平等(2008)采用 RAPD 分子标记技术从表观形态到分子水平对九叶青花椒和竹叶花椒遗传多样性来源、现状进行了分析和研究。李庆芝等(2009)采用 RAPD 分子标记方法分析 11 个花椒品种的遗传多样性,以及遗传多样性与环境因素的相关性,结果表明不同地域种植的同一品种材料遗传距离较大,显示花椒的遗传多样性与地域分布有关。汉素珍等(2011)运用分子生物学,构建了适宜花椒属植物 ISSR-PCR 的最佳反应体系。王福(2015)和刘建业等(2017)采用 ITS2 序列二级结构,做出 DNA 条形码,以此为辅助分析手段可准确鉴定出花椒品种的混伪。

对花椒属植物 *Z. piperitum*、*Z. schinifolium* 和 *Z. bungeanum* 3 个种在叶绿体基因组(cpDNA)上的变异位点及化学组成的分析结果有助于花椒品种的鉴定,为后期花椒属植物分子育种提供了基础数据。冯世静(2017)运用单亲遗传的 cpDNA 序列变异和双亲遗传的 SRAP 和 SSR 标记技术对我国花椒种质资源的遗传多样性和种源遗传结构进行深入研究,揭示了我国花椒种源间亲缘地理和系统发育关系。李立新(2016)和邓阳川等(2019)都是基于转录组测序的花椒属种开发 EST-SSR 分子标记,为花椒属物种的鉴定及遗传多样性探究提供分子标记。SSR 标记因具有多态性丰富、稳定性好、共显性强等优点,目前已成为种群遗传学研究经常使用的分子标记。侯娜(2017)选取 5 个当前栽培规模较大、特征明晰的群体和 1 个野生居群共计 6 个群体作为研究对象,每个群体随机并兼顾均匀选取不少于 30 株生长良好、无病虫害的单株,采用 SRAP 和 EST-SSR 分子标记遗传差异分析,结果显示,遗传变异主要来自群体间,群体间差异较大,且 SRAP 和 EST-SSR 分子标记聚类结果相似。利用 SRAP 和 SSR 良种分析标记对群体内遗传差异分析的结果显示,群体内差异较小。利用 SRAP 和 EST-SSR 分子标记对 2 个花椒群体(韩城大红袍和顶坛花椒)的不同家系进行遗传差异分析,结果表明:韩城大红袍 F_{ST} 分别为 0.021 和 0.445,顶坛花椒 F_{ST} 分别为 0.015 和 0.254。2 个花椒群体家系内遗传多样性较小,同一家系内个体间几乎没有分化。这说明同一家系内未进行基因交流,花椒选择育种不考虑家系内选择。

从大量研究可以看出,花椒不同地域种植的同一品种材料遗传距离较大;

花椒遗传变异主要来自种源内、群体间,群体间差异较大,群体内差异较小;家系内遗传多样性较小,同一家系内个体间几乎没有分化,说明同一家系内未进行基因交流,花椒选择育种不考虑家系内选择;竹叶花椒种源间的基因分化高于花椒种源;聚类分析显示花椒可分为四大类,第Ⅰ类包括大多数花椒(*Z. bungeanum*)的栽培品种,第Ⅱ类为所有竹叶花椒(*Z. armatum*)的栽培品种和野生品种,第Ⅲ类为无刺花椒,第Ⅳ类为野生种和一些散生的花椒品种。分类结果表现出一定的地理趋势,陕西和甘肃为花椒种源的过渡区。

花椒在长期的栽培过程中经历了瓶颈效应,而竹叶花椒没有经历瓶颈效应;秦岭山脉阻隔了岭南和岭北花椒种源的基因流,形成了南、北种源独特的遗传结构,将花椒以秦岭为界分为了"南椒"和"北椒"两类,竹叶花椒单独为一类。目前栽培的"青花椒"和"顶坛花椒"应归属于竹叶花椒而不是植物学分类上的青花椒。在秦岭地区(陕西和甘肃),由于岭北的花椒种源向岭南渗入,形成了花椒种源的过渡地,使得分布于秦岭南麓凤县、秦安、武都等地的花椒种源中也能够检测到岭北种源的遗传物质。花椒种源的遗传距离与地理距离存在显著相关性,符合距离隔离模式。

花椒属祖先分布重建显示花椒属植物的起源地为云贵地区,现在花椒栽培种的地理分布由花椒和竹叶花椒祖先群体经过长距离扩散和几次地理隔离事件而形成。花椒和竹叶花椒的分化时期大约为中新世末期,距今约 1 200万年。气候变化是花椒和竹叶花椒群体动态历史形成的主要原因。群体结构分析表明,花椒主要分为 3 个分支,分支 1 和分支 2 分别位于秦岭以北和秦岭以南,而分支 3 竹叶花椒的栽培群体和野生群体各自聚为一个分支,主要分布于西南地区。花椒在历史上经历过长期稳定的群体扩张事件和空间扩张事件,其有效群体大小在末次冰川盛期急剧下降。而竹叶花椒的有效群体大小表现出较快的增长趋势,到末次冰川盛期时增长减慢或停止增长。因此,甘肃武都可能是栽培花椒的起源中心。

三、花椒组学研究

(一) 花椒基因组

功能基因组学是分子生物学的一个领域,是利用基因组测序项目产生的大量数据来描述基因的功能和相互作用,通常涉及高通量测序方法进行全基因组测序。花椒基因组庞大,染色体数目多,杂合度和重复序列高,极大地限制了其基因组学和分子生物学研究,从而导致我国花椒育种工作还处于传统育种阶段,遗传选育工作一直停滞不前。

2021 年,西北农林科技大学魏安智教授团队以凤椒作为测序材料,采用二代+三代转录组测序策略,同时结合 Hi-C 染色体构象捕获技术组装了花椒染色体级别的参考基因组。组装的参考基因组大小为 4.23 Gb,是其同科植物甜橙的 10 倍多。进化分析显示,花椒和甜橙之间的物种分化大约发生在3 500 万年前,花椒在约 2 600 万年前经历了一次独立的全基因组复制事件,并在 640 万年前发生了转座子爆发事件,此后经过一系列染色体断裂及融合,最终形成了如今的染色体($2n=136$)。研究人员利用上述基因组信息,结合转录组和代谢组鉴定出参与花椒麻味物质、单萜类物质和花青素生物合成的结构基因,并分析这些基因在果实不同发育时期的表达模式,绘制了花椒麻味物质合成的代谢通路图。该参考基因组为研究转座子扩增和全基因组复制事件对基因得失和基因组重建的影响提供了有价值的模型,并为加速花椒遗传改良提供了理论基础。

(二)花椒转录组

转录组是连接基因组遗传信息与生物功能的蛋白质组的必然纽带,转录水平的调控是研究最多的,也是生物体最重要的调控方式,是研究基因表达的主要手段。

在分子标记技术方面,转录组技术被大量应用,用来寻找合适的 SSR 引物。为拓展分子标记在花椒种质资源分析中的应用,开发花椒 EST-SSR 功能性分子标记,分析花椒 DNA 指纹图谱,李立新等(2016)利用凤县大红袍花椒的茎尖节点进行转录组测序。侯丽秀(2018)通过高通量测序技术结合 MISA 软件分析花椒果皮转录组中 SSR 的分布类型及特点,以来源于我国 6 个省份的 33 份花椒种质对随机合成的 80 对引物进行多态性筛选,继而开发表达序列标签标记。

在花椒基因表达和分子机制研究方面,对各种花椒不同材料进行转录组测序,可以分析比较研究者感兴趣的表型相关的基因表达情况,还可以通过生物信息学技术手段,获得相关代谢通路,筛选关键基因。为了认知花椒皮刺分化的分子机制,蒋弘刚(2014)使用二代测序平台对去花椒皮刺分化的茎尖节点及不分化皮刺的节间部分,分别进行高通量测序,通过生物信息手段对数据进行分析,筛选出 10 个可能参与皮刺分化的基因。吴朝晨(2020)对麻味素积累差异大的 3 个花椒品种进行了转录组测序,筛选出 19 个与不饱和脂肪酸、缬氨酸、亮氨酸及异亮氨酸生物合成相关的差异基因,在此基础上,针对不饱和脂肪酸合成过程中的两个关键基因进行了功能验证,为花椒麻味素合成通路的进一步阐明提供理论依据。

(三)花椒代谢组

代谢组学是继基因组学和蛋白质组学之后新近发展起来的一门学科,是系统生物学的重要组成部分。之后得到迅速发展并渗透到多个领域,比如,疾病诊断、医药研制开发、营养食品科学、毒理学、环境学、植物学等与人类健康护理密切相关的领域。基因与蛋白质的表达紧密相连,而代谢物则更多地反映了细胞所处的环境,这又与细胞的营养状态、药物和环境污染物的作用,以及其他外界因素的影响密切相关。因此,有人认为基因组学和蛋白质组学告诉你什么可能会发生,而代谢组学则告诉你什么确实发生了。

近期,代谢物技术在花椒研究中被广泛引入,为研究花椒麻味物质相关代谢产物提供了有效手段。杨青青等(2021)为深入探讨两产地青花椒中非挥发性成分的差异,采用非靶向代谢组学技术对其进行全面的鉴定,结果发现两种青花椒中共有 74 种非挥发性差异代谢物。魏安智团队通过全谱代谢物的测序服务,对绿色花椒和红色花椒的香气成分进行了系统的研究,获得了差异代谢产物和类萜生物合成途径,表征了绿色和红色花椒果实的不同香气成分,并鉴定了相关关键基因。结果显示,不同的类萜成分和丰度差异是绿色和红色花椒香气差异的主要原因;绿色和红色花椒果实之间的颜色差异主要是类黄酮生物合成途径种基因表达的差异所致。刘淑明团队以 3 个关键发育阶段花椒为试验材料,基于代谢组学和转录组学分析,研究了花椒皮中黄酮类代谢和差异代谢产物相关基因,并系统揭示了与黄酮类化合物代谢相关的基因网络。该研究共鉴定了 19 种差异积累的代谢物,确定了 5 个基因网络,以及 23 个差异表达基因与不同发育阶段的黄酮类化合物高度相关,通过对差异表达基因和差异代谢物的联合分析,筛选出 15 个参与黄酮生物合成的关键候选基因。

第九章　花椒的加工应用

第一节　花椒的药理作用

一、抗肿瘤作用

黄海潮等(2010)发现在不同浓度作用下,瘤细胞出现不同的损伤状态,经 MTT、SRB 法证实有良好的重复性,说明花椒挥发油有抗嗜铬细胞瘤的活性,对嗜铬细胞瘤细胞在体外有杀伤作用。袁太宁等(2008)研究发现,花椒挥发油可抑制 H22 肝癌细胞增殖并激发细胞凋亡,但不能通过提高机体的免疫功能来发挥抗肿瘤作用。高浓度($4 \sim 16$ mg/mL)花椒挥发油对人肺癌 A549 细胞株、Caski 肿瘤细胞有杀伤作用,低浓度(1 mg/mL)花椒挥发油具有诱导肿瘤细胞凋亡的作用。花椒宁碱具有抗癌作用,对人白血病有极强的作用,并对病毒引起的几种癌症有效,同时对 K562 细胞系有一定活性,能够抑制 80% 以上的细胞生长而不增加死亡率。

二、镇痛作用

花椒具有一定的抗炎镇痛等作用,临床上常用花椒挥发油提取物来进行消炎止痛。此外,花椒具有较强的麻醉作用,在局部麻醉的基础上可以进一步产生镇痛效果。研究发现,从花椒中提取得到的物质中所含有的茵芋碱物质有可能是花椒产生镇痛效果的主要成分,从花椒中提取得到的物质中所含的水溶性生物碱类物质也具有松弛横纹肌等的作用。花椒的水提物 $5 \sim 10$ g/kg 和醚提物 $3.0 \sim 6.0$ mL/kg 对乙酸引起的小鼠扭体反应有明显抑制作用,其中醚提物的作用强于水提物,且呈剂量依赖性。对热刺激的痛觉反应,两者作用均不明显,甚至根本无作用。花椒和利血平合用,其镇痛作用消失;与酚妥拉明合用会减弱其镇痛作用;普萘洛尔对花椒的镇痛作用无影响。花椒中所含的茵芋碱可能是其镇痛的活性成分之一。花椒乙醚提取物或花椒挥发油在临床上作为口腔科安抚剂,主要用于口腔疾患的消炎止痛。

三、抗菌杀虫

花椒对炭疽、白喉、肺炎双球菌、溶血性链球菌、金黄色葡萄球菌、柠檬色及白色葡萄球菌等 10 种革兰阳性菌及大肠、变形、绿脓、伤寒、副伤寒、霍乱弧菌等肠内致病菌均有显著的抑制作用,同时,对 11 种皮肤癣菌和 4 种深部真菌有一定的抑菌和杀菌作用,特别对某些深部真菌非常敏感(羊毛样小孢子菌、红色毛癣菌等)。其挥发油中的香茅醇、枯醇和牛儿醇对黄曲霉素、杂色霉菌亦有较强的抑制作用,同时还能抑制其毒素产生。此外,挥发油和水煎剂还有明显抗菌(炭疽杆菌、金黄色葡萄球菌、枯草杆菌、大肠杆菌、绿脓杆菌、伤寒杆菌等)作用。花椒精油对人体的螨虫具有较强的抑杀作用,且对皮脂蠕形螨的抑杀作用明显强于毛囊蠕形螨。花椒中所含酰胺类的物质对蛔虫有比较强烈的毒性作用。从花椒中提取得到的挥发油乳霜剂能够治疗一些蠕形病,无毒并且具有高效性,具有比较好的驱虫及杀虫活性作用。

四、对心血管系统的作用

从花椒物质中提取得到的物质中所含的花椒挥发油类物质具有抗血栓、调血脂、抗血小板凝聚、抗动脉粥样硬化等的心血管药理活性作用。这种作用与其降低血清过氧化脂质水平、抗脂质过氧化损伤有关。研究发现,花椒水提物 10~20 g/kg 和花椒醚提物 0.3 mL/kg 剂量下对大鼠血栓形成有明显抑制作用,能明显延长血浆凝血酶原、白陶土部分凝血酶时间,延长实验性血栓形成的时间,提示有预防血栓形成的作用。此外,花椒水提物及醚提物对冰水应激状态下儿茶酚胺分泌增加所引起的心脏损伤有一定的保护作用,可以减少心肌内酶及能量的消耗,同时能提高机体的活力水平。花椒能明显延长血浆凝血酶原、部分凝血酶时间,推测花椒的抗栓、抗凝作用可能与血小板功能、血管内皮细胞的抗凝成分有关。

花椒处理得到的籽仁油具有改善血液流变性、降低血脂、抑制脂肪过氧化反应、调节体内自由基代谢等的功效。在野花椒中含有的多种类型的生物碱等能够起到抗血小板凝聚的作用,并且不同结构的花椒生物碱类物质,根据结构不同,抑制作用也表现出较大的差异。

五、对消化系统的作用

花椒具有抗消化道溃疡、抗腹泻、保肝利胆等作用。花椒的温中散寒作用可治疗寒邪内侵、阳气受困而导致的呕逆、嗳气、泄泻、食欲不佳、腰腹冷痛等脾胃虚寒症,还可以治疗胃溃疡、肝损伤、炎症性和胃肠道功能紊乱性腹痛。花椒提取物对消化道溃疡有明显的抑制作用,同时花椒水提物还能对抗升高的谷丙转氨酶。花椒对蓖麻油和番泻叶引起的腹泻均有对抗作用。花椒对胃肠平滑肌具有高浓度抑制、低浓度兴奋的双向作用,对处于某些异常状态的肠平滑肌活动,还有使其恢复正常的作用。

六、抗氧化作用

花椒中总多酚类化合物有较强的还原能力,能够抑制脂质体的过氧化。赵晨等将花椒、桂丁两种植物挥发油与维生素C、维生素E的脂质过氧化抑制进行比较发现这两种植物挥发油均有一定的抗脂质过氧化作用,且与浓度呈相关性。通常用抑制50%脂质过氧化所需样品浓度[C(C50)]来评价其抗氧化水平,花椒抗脂质过氧化的活性强于桂丁。此外,花椒还具有止咳、平喘、抗疟疾、抗衰老、抗疲劳和抗缺氧等作用。

综上所述,我国花椒资源丰富,大部分地区均有种植,其生物活性成分种类多样,食用有益于人体健康。但目前对花椒的药用成分,特别是药效物质基础研究及其新药的开发和利用较少。因此,充分利用我国的花椒资源优势,对其进行综合、系统和深入研究,积极开展花椒属植物废弃物,如椒目、花椒叶和花椒枝等变废为宝工作,对促进我国花椒药用物质开发、新药创制和综合利用的事业发展具有重要意义。

第二节　花椒的应用及开发前景

随着社会的进步和科技的发展,花椒的文化、经济、生态功能逐渐被人们认识。现代花椒在医药、养生、饮食、工业、生态等领域的功用得到了充分利用和推广。

一、调味品

花椒作为"八大调味品"之一,果皮有浓郁的麻香味,具有除腥去膻的作用,是重要的调味佳品。同时,果皮富含挥发油和脂肪,可蒸馏提取芳香油,作食品香料和香精原料。随着人们生活水平的提高,花椒油、花椒粉、快食面佐料的消耗量日渐增大,花椒的用量很大,市场前景好。花椒芽菜是花椒发芽期幼嫩的茎叶和茎尖,油亮鲜绿,麻香味美,具有特殊的麻香味,可作凉拌菜、酱腌菜等时令蔬菜,是芽苗菜中的珍品;青干叶可作烤制面食制品的香料。花椒花内富含花蜜,具有流蜜期长等优点,是一种很好的蜜源,其蜜醇甜,香气浓郁,可与柑橘花蜜媲美。

调味是花椒最基本的用途,因此关于调味品的花样自然也不会少。为了更好地贮存花椒易挥发的香气,人们研制出了更耐贮存的保鲜花椒,或是用密封瓶直接将花椒的有效成分进行压榨浓缩制成方便好存取的鲜花椒油。除了单纯调味,为厨房新手特制的复合花椒调味料也受到了人们的欢迎。花椒搭配肉桂叶、丁香、姜蒜等调味料一同打磨成粉,分装在小袋子中,成为一道道菜肴的美味秘诀。

在风味制品日渐流行的当下,以花椒果皮调和的酸奶、以花椒芽为主料调配的花椒茶,以及各种花椒小食品都占据了不小的食品市场份额,这些产品在满足人们口味的前提下,还兼顾了花椒所含有的众多功能性营养物质,在提高食品质量、增加食品营养密度的用途上意义重大。

二、医药保健

花椒是一种食品调味料,同时也是一味传统中药,具有温中散寒、抗癌、麻醉、镇痛、抗菌杀虫、抗血凝、降血脂、抗动脉硬化等药理作用。目前,花椒的麻度测量标准尚未建立,对花椒的研究和开发仅停留在食品、香料等行业中,医药方面的开发尚处于起步阶段,因此花椒的药用开发有着巨大潜力和深远意义。

在医药、保健品、化妆品领域,椒叶能止痛、杀虫,可用来防治胃脘部及腹部冷痛、呕吐、腹泻、蛔虫病、脚气等,还可以用来提取黄酮;同时花椒叶的抗菌、抗氧化特点可用于绿色护肤产品的开发;花椒叶精油是一种调香原料,可用于化妆品、沐浴品类的加香;种子的粉末也是一种很好的香料,可作为芳香补药,还可调节食欲,治疗消化不良、发烧、霍乱等。花椒果实、枝干和皮刺具有祛风作用,可治疗牙痛,调节食欲。花椒根可退热、助消化,还可作补药,用花椒根韧皮熬制成汤药可医治胆道蛔虫、产妇手脚麻痹。花椒茎皮醇和己酸提取物具有镇痛的作用,可用于治疗胃肠胀气、疝气、脘腹胀痛、耳痛、牙痛和蛇咬伤。现代医学研究发现,花椒还具有保肝、抗痉挛、抗氧化、抗疟原虫、抗真菌、抗病毒、抗细胞毒素、防止恶性细胞增生的功能。

花椒挥发油可根据临床用途有针对性地开发相关抑菌或杀菌产品。例如:防治蠕蜗病、过敏性哮喘疾病的相关产品,防治动脉粥样硬化、某些恶性肿瘤的辅助治疗产品,以及具有增强免疫、抗氧化等作用的保健品等。花椒可作为一种抑菌剂防止食品等的腐败,并能对一些人体病菌起到良好的杀菌作用。花椒具有较强的杀虫、驱虫活性,同时具有低毒、低残留、对环境影响小的优势,也可作粮食贮藏的绿色驱虫剂,对于保护环境、维护公共健康有积极意义,因而是一种极具开发利用前景的植物杀虫剂资源。

花椒的很多疗法在现代依旧沿用,如蛀牙疼痛,不少人都会将花椒籽咬在龋齿处来缓解,而花椒中所含的花椒麻味素也的确可以降低痛觉神经的敏感性,起到镇痛消炎的作用。现代医学更是推陈出新,将花椒的功效作用进行了极大的发挥。

花椒中含有多酚、多糖、黄酮、生物碱等抗氧化活性成分,这些都提示花椒可能具有抗氧化的保健功效。花椒中各生物碱成分对脂类细胞氧化生成的自由基的清除能力均明显高于抗坏血酸。而花椒籽油及花椒果皮中总黄酮成分和多糖类物质在抑制细胞受氧自由基发生老化机制的作用上也表现突出,另外通过细胞实验还发现花椒麻素能使细胞抗氧化活性显著增加,游离羟基的含量显著降低。

花椒籽仁油虽然也是油脂,但是比饱和脂肪更利于刺激机体产生热耗能,并且在消化吸收的过程中不通过胰腺功能刺激胰岛素指导糖原的贮存与转化,特别是在作用于机体一种前脂肪细胞时,能够很好地通过对该种脂肪转录因子的控制途径来抑制该种前脂肪细胞的增殖。花椒提取物通过抑制相关脂肪基因的表达来抑制某些细胞脂肪分化及脂滴的形成。花椒提取物中的混合物在实验室条件下还可以降低肝脏中胆固醇合成酶的合成速率及含量,从而减少胆固醇的生成对心脑血管的危害。

花椒芳香精油是花椒保健品中的重点产品,它提取出花椒中丰富的化学活性成分,和其他植物的提取物共同配伍,可用作镇静安眠的香氛,而花椒的多种挥发油还具有行气血的功效,配伍活血通络物质,在对肌肤按摩时可起到一定的保健作用。

花椒中含有多种抗氧化成分,如多糖类下的黄酮物质,以及抑菌成分,如生物碱类等。从花椒果皮中提取出的花椒素制成花椒祛痘乳,可以抵抗紫外线,延缓皮下细胞的衰老氧化进程,抗炎杀菌,降低皮肤过敏反应和痘痘、油脂的产生与分泌;另外,花椒洗脚液也是花椒果皮及花椒籽油中抑菌成分的应用。

三、化工原料

花椒富含挥发油和脂肪,可蒸馏提取芳香油,作为食品香料和香精原料。花椒在化工、饲料、清洁能源、工业原料等方面具有很大的潜力。花椒作为一种香料,在香水行业的用途也十分广泛。花椒多种芳香烃的组合令它气味醇厚而复杂,具有耐人寻味的独特质感,因此花椒香水也是调香行业中的基础香型之一。花椒籽中富含油脂,是一种潜在的油料资源,可提取生物活性物质,提炼芳香油、香精和食品香料。花椒籽富含不饱和脂肪酸、α-亚麻酸,可直接开发为保健食用油。花椒籽油中主要成分为4-松油醇、1,8-桉叶素、薄荷醇等,可作为化妆品的添加剂,有去除皮肤皱纹之功效。

花椒籽也可用作肥皂、油漆、润滑沐浴露等日用化工原料。花椒油粕中含有丰富的蛋白质和微量元素,可作饲料、有机肥。花椒叶配制土农药,可驱杀多种害虫。花椒茎干可作小型器具和细木工用材。

花椒的木材颜色为典型的淡黄色,露于空气中颜色稍变深黄,心边材区别不明显,木质部结构密致、均匀,纵切面有绢质光泽,大材有美术工艺价值。

四、生态与社会价值

花椒树根系发达,抗干旱、耐瘠薄,适应能力强,是山区造林绿化的优良树种,具有环境保护的显著作用。花椒地上部枝繁叶密、姿态优美,果实成熟时火红艳丽且芳香宜人,有较好的观赏价值。地下部根系发达,固土能力强,具有良好的水土保持作用。

在很多地方,花椒产业是农民增收和乡村振兴的支柱产业,为解决农村剩余劳动力发挥了重要作用。随着花椒产业的发展,有助于提高农民的科学文化和技术素质,有利于促进农业生产的规范化、标准化。花椒也是我国的特产和传统出口商品,通过扩大花椒出口,可增加外汇收入。

第三节　河南花椒产业现状及展望

一、产业现状

(一)河南花椒主产区地理分布

在河南省,西北部山区及沿黄地区为花椒主产区,南部山区有零星分布(见表9-1)。

表9-1　河南花椒种植主产区地理分布

地市	县(市、区)	地市	县(市、区)
郑州	巩义市	新乡	辉县
开封	兰考县		卫辉市

续表9-1

地市	县(市、区)	地市	县(市、区)
洛阳	伊川县	焦作	孟州市
	孟津县		博爱县
	宜阳县	三门峡	陕州区
	嵩县		湖滨区
	新安县		卢氏县
	伊滨区		灵宝市
平顶山	郏县		渑池县
	宝丰县		义马市
	鲁山县	南阳	南召县
	舞钢市		内乡县
	石龙区		方城县
	汝州市		新野县
安阳	林州市		镇平县
	殷都区	驻马店	泌阳县
	滑县		驿城区
	龙安区	济源	济源市
鹤壁	淇县		

(二)河南花椒种植面积、产量统计

经调查统计得到,河南省花椒主产区总种植面积为104.187万亩,其中3年及3年生以下花椒种植面积为48.085万亩,约占总面积的46.15%;4~8年生花椒种植面积33.702万亩,约占总面积的32.35%;9年及9年生以上花椒种植面积22.4万亩,约占总面积的21.50%。进入结果期的4年及4年生以上花椒种植面积为56.102万亩,约占总面积的53.85%。

河南省12个地市中,从总种植面积上看,花椒种植面积最大的为三门峡,达到了51.143万亩;其次为洛阳,为25.270万亩;再次为平顶山11.286万亩。从花椒树龄上看,进入丰产期的4年生以上花椒种植面积最大的仍为三门峡,达到了28.355万亩,约占其总面积的55.44%;其次为洛阳11.21万亩,

约占其总面积的 44.36%,再次为平顶山 4.123 万亩,约占其总面积的 36.53%。

从表 9-2 中可知,12 个地市中 6 个地市 3 年及 3 年生以下花椒种植面积大于 4 年生(以上)花椒种植面积;除安阳外,11 个地市的 8 年及 8 年生以下花椒种植面积大于 9 年及 9 年生花椒种植面积。这说明河南花椒种植产业仍处于起步阶段,幼龄植株面积较大。

表 9-2　河南 12 个地市花椒种植面积统计

地市	种植面积/万亩						
	≤3 年生	占比/%	4~8 年生	占比/%	≥9 年生	占比/%	总面积
三门峡	22.788	44.56	16.680	32.61	11.675	22.83	51.143
洛阳	14.060	55.64	9.220	36.49	1.990	7.87	25.270
平顶山	7.163	63.47	4.017	35.59	0.106	0.94	11.286
安阳	1.583	15.81	0.465	4.64	7.859	78.47	9.907
新乡	0.050	3.17	1.525	96.83	0	0	1.575
鹤壁	0.471	31.72	0.566	38.11	0.448	30.17	1.485
郑州	1.100	87.30	0.150	11.90	0.010	0.79	1.260
南阳	0.278	22.19	0.837	66.86	0.137	10.94	1.252
济源	0.466	79.58	0.120	20.42	0	0	0.585
焦作	0.025	7.85	0.123	38.00	0.175	54.16	0.324
驻马店	0.088	100.00	0	0	0	0	0.088
开封	0.013	100.00	0	0	0	0	0.013

截至 2020 年年底,统计显示河南主产区花椒年产量 4.07 万 t(见表 9-3)。其中,产量最高的为三门峡,达到了 2.97 万 t,其次为洛阳 0.49 万 t,再次为安阳 0.31 万 t。这与当地种植面积排序不完全相符,是由于不同地市的花椒树龄占比大不相同,4 年及 4 年生以上花椒种植面积较大的,产量也较大。开封、驻马店两市种植的皆为 3 年及 3 年生以下花椒,2020 年暂无产量。从表 9-3 中可以看出,河南部分地市花椒种植刚刚起步,整体来说花椒树龄小,产量低。

表9-3　河南12个地市花椒产量统计

地市	产量(干重)/t
三门峡	29 731.62
洛阳	4 887.87
安阳	3 109.47
平顶山	1 178.11
新乡	790.00
鹤壁	516.32
南阳	199.58
焦作	129.50
济源	107.60
郑州	62.30
开封	0
驻马店	0
合计	40 712.37

(三) 河南花椒主要栽培品种

从表9-4中可以看出,大红袍作为花椒主要栽培品种,在12个地市都有栽培,说明该品种的市场价值及栽培技术的普及已经深入人心。此外,三门峡、安阳、平顶山等花椒产业较强的地市在花椒品种种植上已经有了多样化、风味化的选择,已知的有狮子头、六月红、宝香丹、南强一号、南强三号、无刺花椒、麻椒等10多种。

表9-4　河南12个地市花椒主要栽培品种统计

地区	主要栽培品种
郑州	大红袍、狮子头、黄盖、六月红
开封	无认定品种
洛阳	大红袍、南强三号、无认定品种
平顶山	大红袍、麻椒、狮子头、无刺花椒等
焦作	大红袍

续表 9-4

地区	主要栽培品种
鹤壁	大红袍、二红袍、小红袍
新乡	大红袍
安阳	大红袍、林州红、枸椒、无刺花椒、六月红、无刺凤椒
三门峡	大红袍、四川麻椒、无刺梅花椒、枸椒、风选一号、狮子头、宝香丹、南强一号
南阳	大红袍
驻马店	大红袍
济源	大红袍

(四)河南花椒深加工与产值

近几年来,花椒市场受天气、供需等因素影响,价格波动较大,2020年受新冠肺炎疫情影响,价格下降三成。另外,不同产地花椒产量、质量、风味各不相同,价格差异明显。本研究在经过多方市场调查的前提下,取花椒市场平均价格 100 元/kg 来计算花椒干品总产值。

在花椒深加工方面,三门峡、洛阳主要经营花椒粉、花椒油等调味品产业;在郑州,花椒深加工更进一步,开发出花椒芽菜、酱菜等产品,市场价值更高。三门峡市已经注册"豫椒香""椒来香""椒多多"等多个花椒产品商标,在未来将在开发花椒深加工产品上大力发展,建设当地支柱产业。

经统计得到,河南 12 个地市花椒干品总产值 20.35 亿元,深加工产品总产值 2.87 亿元,合计 23.22 亿元。其中三门峡市花椒产业产值最高,达到了17.68 亿元,其次为洛阳 2.45 亿元,再次为安阳 1.56 亿元(见表 9-5)。

表 9-5　河南 12 个地市花椒产值统计

地区	产值/万元		
	干品	深加工	合计
三门峡	148 658.13	28 190.00	176 848.13
洛阳	24 439.36	96.20	24 535.56
安阳	15 547.35	80.00	15 627.35
平顶山	5 890.55	200.00	6 090.55
新乡	3 950.00	0	3 950.00

续表9-5

地区	产值/万元		
	干品	深加工	合计
鹤壁	2 581.60	0	2 581.60
南阳	997.88	0	997.88
焦作	647.50	70.00	717.50
济源	538.00	0	538.00
郑州	311.50	40.00	351.50
开封	0	0	0
驻马店	0	0	0

二、河南花椒产业发展存在的问题及建议

(一)管理栽培技术水平不高

河南大多为农民自发种植的花椒园,标准的良种育苗基地较少,造成花椒品质优劣悬殊,容易暴发大规模的病虫害,制约花椒产业的发展。椒农没有进行过系统培训,花椒只种不管,质量无法提升,标准化采集遇到问题。建议规范技术服务,加大科研力度,推广省力化、标准化、示范化管理。此外,农民群众获取相关农业信息的手段落后,比较难接受一些新技术、新品种和新思想,对科学管理技术的掌握差距较大;缺乏健全的花椒育苗和栽培管理标准,椒园的综合管理水平较低,使得花椒林的产量、质量和经济效益较低。

(二)科学防治病虫害水平有待提高

椒农在农药和化肥的使用中存在农药使用方法不规范,杀虫剂与杀菌剂超量的问题,这些为目前全国花椒种植中最普遍的问题,造成了害虫的抗药性,以及花椒农药残留超标、土壤肥力破坏等严重后果,极大地制约了花椒产量与品质的提升。建议在病虫害防治中实行区域统防统治,使用生物制剂和高效低毒易降解的化学农药,监测果品、土壤农药和重金属残留,生产绿色无公害食品。

(三)缺乏精深加工、品牌效应不强

根据对河南花椒树龄的调查,在未来几年花椒树将陆续进入丰产期,花椒产量将出现急剧增长,在市场对花椒干品需求饱和的情况下,做好花椒深加工是河南花椒产业发展急需解决的问题。

目前,河南花椒产业的产品多为花椒干品,产品附加值不强,缺乏精深加工,产业链较原始,品牌效应不强。建议在产品开发上下功夫,拉长产业链条,增加花椒附加值,提振椒农信心,维护花椒产业长期稳定发展。建立和扶持花椒产业龙头企业,通过品牌和特色农产品优势区创建、绿色无公害认证等途径,发掘和丰富花椒产品种类,在食品、药品、化妆品等领域开展研发,生产花椒油、调味品、花椒芽菜、足浴包、花椒护肤品等相关产品,提升花椒价值,避免受市场波动的负面影响。

三、产业前景

花椒产业在生态建设、医药开发、能源应用、水土保持、乡村振兴等方面的作用日益突出。目前,河南花椒产业的主要产值收入还是来自花椒果实干品,精深加工效率较低,花椒籽、花椒根等副产品的研究和开发仅限于食品加工和低价值的日化产品,医疗、保健、饲料、肥料、日化等领域的研究正处于试验阶段。

目前,全国花椒产业规模已经趋于饱和,在扩大种植规模上需要慎重,河南省花椒主产区应在现有基础上提质增效,进一步提高花椒栽培技术,做好品种选育与更新,推广花椒配方施肥技术,发展无公害优质花椒,增强产品的市场竞争力,提高花椒种植的综合效益。积极发挥当地花椒产业优势,政府、科研与企业合作,在病虫害防治、栽培育种、副产品研发、标准化管理等方面深入研究,促进花椒产业持续健康发展。

参 考 文 献

[1] 黄德民,赵国华,陈宗道,等.我国花椒的饮食文化探源[J].中国调味品,2006(1):75-81.

[2] 郭文龙.花椒文化解读[J].寻根,2021(5):44-49.

[3] 蓝勇.中国辛辣文化[J].环球人文地理,2021(3):9.

[4] 曾京京.我国花椒的栽培起源和地理分布[J].中国农史,2000(4):68-75.

[5] 郭延秀,席少阳,马毅,等.花椒本草考证[J].中国中医药信息杂志,2021,28(3):1-7.

[6] 付璐,彭华胜,袁媛,等.基于本草古籍的花椒毒性考证[J].中国药物警戒,2022,19(04):369-371,375.

[7] 沈立,杨军,黄筱萍,等.经典名方大建中汤药材蜀椒本草考证[J].中药药理与临床,2020,36(5):215-219.

[8] 郭文龙.花椒文化考辨[J].宁夏农林科技,2021,62(7):57-58.

[9] 郭文龙.花椒的用途与文化考略[J].南方农业,2021,15(28):12-15.

[10] 秦泠曦,吕文亮.先秦两汉花椒应用考[J].时珍国医国药,2019,30(3):663-665.

[11] 常富业,李云,宋昕,等.花椒抗衰、养生与美容作用浅论[J].中华中医药学刊,2012,30(1):38-40.

[12] 曹明,曹丽敏,张奠湘,等.中国花椒属(广义)叶结构研究[J].广西植物,2009,29(2):163-170.

[13] 黄怀庆.花椒的养生作用[J].养生月刊,2009,30(11):1008-1009.

[14] 史军.花椒:中国味的脊梁[J].文苑(经典美文),2019(9):50-52.

[15] 姚智远,徐婵菲.先秦两汉花椒的用途及文化意义[J].农业考古,2008(1):168-176.

[16] 高燕菁.我国古代的玫瑰:花椒[J].家庭中医药,2021,28(8):73-75.

[17] 林鸿荣.椒史初探[J].中国农史,1985(2):63-67.

[18] 司昕蕾,边甜甜,牛江涛,等.花椒的炮制及应用研究[J].西部中医药,2018,31(9):137-140.

[19] 罗晨.青花椒中的风味物质与营养成分分析[J].2015(11):65-67,71.

[20] 王晟,武琼.食用花椒的营养价值与加工利用进展[J].2012,33(20):361-365.

[21] 李倩,蒲彪.不同产地青花椒主要营养成分的比较研究[J].2011,36(10):13-17.

[22] 郭伟珍,赵京献.花椒属植物开发利用及发展方向[J].2016(1):72-74.

[23] 李兴桥,庞雯文.花椒保健功能研究进展[J].2017,44(12):2165-2167.

[24] 梁辉,赵镭,杨静,等.花椒化学成分及药理作用的研究进展[J].华西药学杂志,2014,29(1):91-94.

[25] 王宇,巨勇,王钊.花椒属植物中生物活性成分研究近况[J].中草药,2002(7):93-97.

[26] 袁娟丽,王四旺.花椒的化学成分及其药效学研究[J].现代生物医学进展,2010,10(3):552-554.

[27] 向瑛,郑庆安.刺异叶花椒中的生物碱和香豆素成分[J].武汉植物学研究,2000,18(2):13-15.

[28] 陶朝阳,张卫东,郑水庆,等.刺异叶花椒香豆素类化学成分[J].中国中药杂志,2003,28(4):59-61.

[29] 陶朝阳,陈万生,张卫东,等.刺异叶花椒根中木脂素类成分[J].中草药,2004,35(4):378-379.

[30] 祝丹,郑桐,陈玉,等.野花椒化学成分研究[J].华中师范大学学报,2009,43(3):424-427.

[31] 李晓莉,黄登艳,刁英.中国花椒产业发展现状[J].湖北林业科技,2020,49(1):44-48.

[32] Gerhold K A, Bautista D M. Molecular and cellular mechanisms of trigeminal chemosensation [J]. Ann N Y Acad Sci, 2009, 1170:184-189.

[33] Bashbaum A I, Bautista D M, Scherrer G, et al. Cellular and molecular mechanisms of pain [J]. Cell, 2009, 139:267-284.

[34] Riera C E, Smarrito C M, Affolter M, et al. Compounds from Sichuan and Melegueta peppers activate, covalently and non-covalently, TRPA1 and TRPV1 channels [J]. Br J Pharmacol, 2009, 157(8):1398-1409.

[35] Bautista D M, Sigal Y M, Milstein A D, et al. Pungent agents from Szechuan peppers excite sensory neurons by inhibiting two-pore potassium channels [J]. Nat Neurosci, 2008, 11(7):772-779.

[36] Smarrito C M, Riera C E, Munari C, et al. Synthesis and evaluation of new alkylamides derived from α-hydroxysanshool, the pungent molecule in Szechuan pepper [J]. Agric Food Chem, 2009, 57: 1982-1989.

[37] Koo J Y, Jang Y, Cho H, et al. Hydroxy-alpha-sanshool activates TRPV1 and TRPA1 in sensory neurons [J]. Eur J Neurosci, 2007, 26(5):1139-1147.

[38] Albin K C, Simons C T. Psychophysical evaluation of a sanshool derivative (alkylamide) and the elucidation of mechanisms subserving tingle [J]. PLoS One, 2010, 5(3):9520.

[39] 张英,张卫明,石雪萍.花椒精油提取的研究进展[J].中国调味品,2009,34(5):39-42.

[40] Lu W, Wang Z, Li X, et al. Analysis of volatile compounds in the pericarp of Zanthoxylum bungeanum Maxim. By ultrasonic nebulization extraction coupled with headspace single-drop microextraction and GC-MS[J]. Chromatographia, 2010, 71(5): 455-459.

[41] 罗凯,朱琳,阚建全.水蒸汽蒸馏、溶剂萃取、同时蒸馏萃取法提取花椒挥发油的效果比较[J].食品科技,2012(10):234-236.

[42] 李倩. 不同产地青花椒主要营养及香气成分对比分析[D]. 成都：四川农业大学，2011.

[43] Wang Z, Ding L, Li T, et al. Improved solvent-free microwave extraction of essential oil from dried Cuminum cyminum L. and Zanthoxylum bungeanum Maxim. [J]. Journal of Chromatography A, 2006(1102):1-11.

[44] 贾春晓, 王瑞玲, 毛多斌, 等. 微波辅助萃取—固相微萃取—气相色谱—质谱法分析花椒香气成分[J]. 中国调味品, 2011, 36(2):109-114.

[45] Lim T K. Zanthoxylum simulans[M]. Netherlands：Springer, 2012:904-911.

[46] 麻琳, 何强, 赵志峰, 等. 三种花椒精油的化学成分及其抑菌作用对比研究[J]. 中国调味品, 2016, 41(8):11-16.

[47] 杨峥, 公敬欣, 张玲, 等. 汉源红花椒和金阳青花椒香气活性成分研究[J]. 中国食品学报, 2014, 14(5):226-230.

[48] 陈光静, 阚建全, 李建, 等. 不同产地红花椒挥发油化学成分的比较研究[J]. 中国粮油学报, 2015, 30(1): 81-87.

[49] 樊丹青, 刘荣, 杨丽, 等. 不同产地花椒挥发油含量及组成成分比较研究[J]. 中药与临床, 2014, 5(2): 16-19.

[50] 石雪萍, 张卫明. 红花椒和青花椒的挥发性化学成分比较研究[J]. 中国调味品, 2010, 35(2): 102-105.

[51] 杨静. 青花椒香气特征与活性香气研究[D]. 成都：西南交通大学, 2015.

[52] 吴素蕊, 阚建全, 刘蓓, 等. 不同干燥青花椒香气成分比较研究[J]. 香料香精化妆品, 2007(6):1-5.

[53] 高逢敬. 青花椒香气成分的提取、分析及抑菌性研究[D]. 成都：四川农业大学, 2007.

[54] 樊丹青, 陈鸿平, 刘荣, 等. GC-MS-AMDIS 结合保留指数分析花椒、竹叶花椒挥发油的组成成分[J]. 中国实验方剂学杂志, 2014, 20(8): 63-68.

[55] 赵志峰, 龚绪, 覃哲, 等. 藤椒挥发油的成分分析[J]. 中国调味品, 2008(1): 84-87.

[56] 卢俊宇, 梅国荣, 刘飞, 等. GC-MS-AMDIS 结合保留指数分析比较青椒与竹叶花椒挥发油的组成成分[J]. 中药与临床, 2015, 6(5): 18-21.

[57] 唐小凤. 竹叶椒的化学成分研究[D]. 兰州：兰州理工大学, 2016.

[58] Yang X. Aroma constituents and alkylamides of red and green huajiao (Zanthoxylum bungeanum and Zanthoxylum schinifolium)[J]. Journal of Agricultural & Food Chemistry, 2008, 56(5):1689-1696.

[59] 吴素蕊. 花椒香气成分的研究[D]. 重庆：西南大学, 2005.

[60] 谭文长, 谭学仕. 嗅觉模型的理论研究[J]. 生物医学工程研究, 1997(4): 1-5.

[61] 王飞生, 叶荣飞. 分子结构对香味影响的研究[J]. 中国调味品, 2009, 34(4): 39-42.

［62］范文来，徐岩. 酒类风味化学［M］. 北京：中国轻工业出版社，2014.

［63］段世清，龚茂初. 花椒成分的研究［J］. 四川化工，1996（4）：32-34.

［64］Yasuda I, Takeya K, Itolawa H. Distribution of unsaturated aliphatic acid amides in Japanese Zanthoxylum species［J］. Phytochemistry, 1982, 21（6）：1295-1298.

［65］Kashiwada Y, Ito C, Katagiri H, et al. Amides of the fruit of Zanthoxylum spp［J］. Phytochemistry, 1997, 44（6）：1125-1127.

［66］Xiong Q B, Shi D, Yamamoto H, et al. Alkylamides from pericarps of Zanthoxylum bungeanum ［J］. Phytochemistry, 1997, 46（6）：1123-1126.

［67］Yasuda I, Takeya K, Itolawa H. Two new pungent principles isolated from the pericarps of Zanthoxylum ailanthoides ［J］. Chem Pharm Bull, 1981, 29（6）：1791-1793.

［68］Mizutani K, Fukunaga Y, Tanaka O, et al. Amides from Huajiao, pericarps of Zanthoxylum bungeanum Maxim. ［J］. Chem Pharm Bull, 1988, 36（7）：2362-2365.

［69］Chen I S, Chen T L, Lin W Y, et al. Isobutylamides from the fruit of Zanthoxylum integrifoliolum［J］. Phyto-chemistry, 1999, 52：357-360.

［70］Hatano T, Inada K, Ogawa T, et al. Aliphatic acid amides of the fruits of Zanthoxylum piperitum［J］. Phytochemistry, 2004, 65（18）：599-604.

［71］Wang S, Xie J C, Yang W, et al. Preparative separation and purification of alkylamides from Zanthoxylum bungeanum Maxim. by high-speed counter-current chromatography［J］. J Liq Chromatogr Related Technol, 2011, 34（20）：2640-2652.

［72］Huang S, Zhao L, Zhou X L, et al. New alkylamides from pericarps of Zanthoxylum bungeanum ［J］. Chin Chem Lett, 2012, 23（11）：1247-1250.

［73］Galopin C C, Furrer S M, Goeke A. Pungent and Tingling Compounds in Asian Cuisine ［J］. ACS Symp Ser, 2004, 867：139-152.

［74］曹雁平，张东. 固相微萃取-气相色谱质谱联用分析花椒挥发性成分［J］. 食品科学，2011,32（8）：190-193.

［75］Koziel J A, Pawliszyn J. Air sampling and analysis of volatile organic compounds with solid phase microextraction［J］. Journal of the Air and Waste Management Association, 2001, 51（2）：173-184.

［76］李达，王知松，丁筑红，等. 固相微萃取-气-质联用法对干椒烘焙前后风味化合物的分析评价［J］. 食品科学，2009, 30（16）：269-271.

［77］Pizarro C, Perez-Del-Notario N, Gonzalez-Saiz J M. Determination of Brett character responsible compounds in wines by using multiple headspace solid-phase microextraction ［J］. Journal of Chro-matography A, 2007, 1143（1/2）：176-181.

［78］Augusto F, Koziel J, Pawliszyn J. Design and validation of portable SPME devices for rapid field air sampling and diffusion-based calibration ［J］. Analytical Chemistry, 2001, 73（3）：481-486.

[79] Jelen H H, Mildner-Szkudlarz S, Jasinska I, et al. A headspace-SPME-MS method for monitoring rapeseed oil oxidation [J]. Journal of the American Oil Chemists Society, 2007, 84(6): 509-517.

[80] Lopez P, Huerga M A, Batlle R, et al. Use of solid phase microextraction in diffusive sampling of the atmosphere generated by different essential oils [J]. Analytica Chimica Acta, 2006, 599(1):97-104.

[81] Serrano E, Beltran J, Hernandez F. Application of multiple headspace-solid-phase micro-extraction followed by gas chromatography-mass spectrometry to quantitative analysis of tomato aroma components [J]. Journal of Chromatography A, 2009, 1216(1-2): 127-133.

[82] Pellati F, Benvenuti S, Yoshizaki F, et al. Headspace solid-phase microextraction-gas chromatography-mass spectrometry analysis of the volatile compounds of Evodia species fruits[J]. Journal of Chroma-tography A, 2005, 1087(1/2): 265-273.

[83] 张慧慧, 张国俊, 王英华, 等. 超声雾化顶空单滴微萃取–气相色谱–质谱法测定果汁中的芳香成分[J]. 分析科学学报, 2016, 32(3):397-400.

[84] 刘雄, 阚建全, 陈宗道, 等. 花椒风味成分的提取[J]. 食品与发酵工业, 2003, 29(12):62-66.

[85] 邵杰, 宋瑞雯, 王改玲, 等. 响应面法优化花椒油树脂的超声提取工艺[J]. 食品工业科技, 2012, 33(24):329-331.

[86] 薛小辉. 青花椒麻味成分的提取与分离[D]. 雅安:四川农业大学, 2013.

[87] 孙国峰, 李凤飞, 杨文江, 等. 花椒有效成分的 CO_2 超临界萃取工艺[J]. 食品与生物技术报, 2011, 30(6):899-904.

[88] 朱羽尧, 张国琳, 钱骅, 等. 竹叶花椒中不饱和酰胺类成分的制备研究[J]. 食品工业, 2015, 36(6):8-11.

[89] 公敬欣, 杨峥, 谢建春, 等. 花椒水煮及热油处理麻味素的含量变化研究[J]. 中国食品添加剂, 2013(1):62-66.

[90] 付苗苗. 花椒中麻味物质的提取分离及纯化工艺的研究[D]. 西安:西北大学, 2010.

[91] Wang S, Xie J, Yang W, et al. Preparative separation and purification of alkylamides from Zanthoxylum bungeanum maxim by high-speed counter-current chromatography[J]. Journal of Liquid Chromatography & Related Technologies, 2011, 34(20):2640-2652.

[92] 刘琳琪, 赵晨曦, 李佩娟, 等. 花椒挥发油超临界 CO_2 萃取的工艺优化及 GC–MS 分析[J]. 现代食品科技, 2020, 36(5):73-80.

[93] 蒋丽艳, 刘继鑫, 张浩, 等. 花椒挥发油对两种人体蠕形螨的体外抑杀作用[J]. 医学研究杂志, 2009, 38(2):78-79.

[94] Diao W R, Hu Q P, Feng S S, et al. Chemical composition and antibacterial activity of

the essential oil from green huajiao (Zanthoxylum schinifolium) against selected foodborne pathogens [J]. Journal of Agricultural & Food Chemistry, 2013, 61(25): 6044-6049.

[95] Jin K S. Anti-oxidant, anti-melanogenic, and anti-inflammatory activities of Zanthoxylum schinifolium extract and its solvent fractions [J]. Korean Journal of Microbiology & Biotechnology, 2012, 40(4): 371-379.

[96] Wu G, Wu H. Analgesia synergism of essential oil from pericarp of Zanthoxylum schinifolium and Verapamil [J]. Evidence-based Complementary and Alternative Medicine, 2014 (1):1-5.

[97] Paik S, Koh K S, Paek S, et al. The essential oils from Zanthoxylum schinifolium pericarp induce apoptosis of Hep G2 human hepatoma cells through increased production of reactive oxygen species [J]. Biological & Pharmaceutical Bulletin, 2005, 28(5): 802-807.

[98] 韩胜男, 李妍, 张晓杭, 等. 花椒挥发油的提取工艺优化及抗肿瘤活性分析[J]. 食品科学, 2014,35(18):13-16.

[99] 袁太宁. 花椒挥发油对离体家兔结肠平滑肌收缩功能的作用[J]. 湖北民族学院学报(医学版), 2009, 26(1):14-15.

[100] 袁太宁. 花椒挥发油对大鼠子宫平滑肌作用的研究[J]. 辽宁中医药大学学报, 2009,9(7):190-191.

[101] 袁太宁. 花椒挥发油对小白鼠子宫平滑肌收缩功能的研究[J]. 湖北民族学院学报(医学版), 2009, 26(3): 23-24.

[102] 兰颐. 挥发油对中药成分经皮促透规律及其作用机制的初步研究[D]. 北京: 北京中医药大学, 2015.

[103] 马建旸, 石应康, 方定志. 花椒挥发油对实验性动脉粥样硬化的影响[J]. 四川大学学报(医学版), 2005,36(5): 696-699.

[104] 狄科, 石雪萍, 张卫明. 花椒精油研究进展[J]. 中国野生植物资源, 2011, 30(4): 7-12.

[105] 何洋. 花椒挥发油改善心得安所致豚鼠耳部银屑病样局部皮肤病变的药理作用研究[D]. 广州: 南方医科大学, 2012.

[106] 邵红军, 程俊侠, 段玉峰. 花椒挥发油化学成分、生物活性及加工利用研究进展[J]. 食品科学, 2013, 34(13): 319-322.

[107] Li X D, Xue H L. Antifungal activity of the essential oil of Zanthoxylum bungeanum, and its major constituent on Fusarium sulphureum, and dry rot of potato tubers [J]. Phytoparasitica, 2014, 42(4): 509-517.

[108] Zhu R X, Zhong K, Zeng W C, et al. Essential oil composition and antibacterial activity of Zanthoxylum bungeanum [J]. Journal of China Pharmaceutical University, 2011, 32 (17): 85-88.

[109] 陈朝军, 刘芸, 陆红佳, 等. 花椒麻素与辣椒素的不同质量比对大鼠降血脂的协同作用[J]. 食品科学, 2014, 35(19): 231-235.

[110] 陈朝军, 李俊, 王辉, 等. 花椒麻素和辣椒素降血脂机制的研究[J]. 现代食品科技, 2016(13): 123-128.

[111] 吕娇. 花椒麻素降血脂的功能性评价及作用机制的研究[D]. 重庆: 西南大学, 2014.

[112] 任文瑾. 花椒精调节体内脂质代谢机制的研究[D]. 重庆: 西南大学, 2014.

[113] 游玉明, 任文瑾, 刘庆庆, 等. 花椒精有效成分对高脂膳食大鼠脂质代谢的影响[J]. 营养学报, 2015(3): 288-293.

[114] You Y, Ren T, Zhang S, et al. Hypoglycemic effects of Zanthoxylum alkylamides by enhancing glucose metabolism and ameliorating pancreatic dysfunction in streptozotocin-induced diabetic rats[J]. Food & Function, 2015, 6(9): 3144-3154.

[115] Dossou K S, Devkota K P, Morton C, et al. Identification of CB1/CB2 ligands from Zanthoxylum bungeanum[J]. Journal of Natural Products, 2013, 76(11): 2060-2064.

[116] Le L K, Young G P. fermentation of starch and protein in the colon: implications for genomic instability[J]. Cancer Biology & Therapy, 2007, 6: 259-260.

[117] 刘秋妍, 方国珊, 刘雄, 等. 花椒麻素在大鼠肠道的吸收运力学研究[J]. 西北农林科技大学学报(自然科学版), 2015, 43(8): 57-62.

[118] Simpson H L, Campbell B J. Review article: dietary fibre-microbiota interactions[J]. Alimentary Pharmacology and Therapeutics, 2015, 42: 158-179.

[119] Hashimoto K, Satoh K, Kase Y, et al. Modulatory effect of aliphatic acid amides from Zanthoxylum piperitum on isolated gastrointestinal tract[J]. Planta Medica, 2001, 67(2): 179-181.

[120] Tokita Y, Akiho H, Nakamura K, et al. Contraction of gut smooth muscle cells assessed by fluorescence imaging[J]. Journal of Pharmacological Sciences, 2015, 127(3): 344-351.

[121] Kono T, Omiya Y, Hira Y, et al. Daikenchuto (TU-100) ameliorates colon microvascular dysfunction via endogenous adrenomedullin in Crohn's disease rat model[J]. Journal of Gastroenterology, 2011, 46(10): 1187-1196.

[122] Tarus P K, Coombes P H. Benzo phenanthridine alkaloids from stem bark of the forest knobwood, Zanthoxylum davyi (Rutaceae)[J]. South African Journal of Botany, 2006, 14(3): 555-558.

[123] Etsuko S, Yasjiro M, Yusaku I, et al. Pungent qualities of sanshool-related compounds evaluated by a sensory test and activation of rat TRPV 1[J]. Bioscience Biotechnology and Biochemistry, 2005, 69(10): 1951-1957.

[124] 王一涛. 四川产花椒中三种山椒素的局麻作用[J]. 四川生理科学杂志, 1991, 13

（1）：64.

[125] 张明发. 花椒的温理药理作用[J]. 西北药学杂志, 1995, 10(2)：89-91.

[126] 孙洪范, 吴明燊. 花椒对蟾蜍离体神经的作用[J]. 贵州医药, 1984, 8(4)：13-14.

[127] Pereira S S, Lopes L S, Marques R B, et al. Antinociceptive effect of Zanthoxylum rhoifolium Lam. (Rutaceae) in models of acute pain in rodents [J]. Journal of Ethnopharmacology, 2010, 129(2)：227-231.

[128] Lioe Y A, King D J, Zibrik D, et al. Decreasing linoleic acid with constant α-linolenicacid in dietary fats increase (n-3) eicosapentaenoic acid in plasma phospholipids in healthy men[J]. Journal of Nutrition, 2007, 137(4)：945-953.

[129] Tsunozaki M, Lennertz R C, Vilceanuī D, et al. A "toothache tree" alkylamide inhibits Aä mechanonociceptors to alleviate mechanical pain[J]. The Journal of Physiology, 2013, 591(13)：3325-3340.

[130] You M, Zhou M, Lu H, et al. Sanshool from Zanthoxylum L. induces apoptosis in human hepatocarcinoma HepG2 cells [J]. Food Science and Biotechnology, 2015, 24(6)：2169-2175.

[131] Chou S T, Chan H H, Peng H Y, et al. Isolation of substances with antiproliferative and apoptosis-inducing activities against leukemia cells from the leaves of Zanthoxylum ailanthoides Sieb. & Zucc[J]. Phytomedicine, 2011, 18(3)：344-348.

[132] Devkota K P, Wilson J, Henrich C J, et al. Isobutylhydroxyamides from the pericarp of Nepalese Zanthoxylum armatum inhibit NF1-defective tumor cell line growth [J]. Journal of Natural Products, 2013, 76(1)：59-63.

[133] Kyoung H J, Yong H C, Dae-Duk K, et al. New polyunsaturated fatty acid amides isolated from the seeds of Zanthoxylum piperitum [J]. Archives of Pharmacal Research, 2008, 31(5)：569-572.

[134] Michaelides A, Raby C, Wood M, et al. Weightloss efficacy of a novel mobile diabetes prevention program delivery platform with human coaching [J]. BMJ Open Diabetes Reserach Care, 2016(4)：1-5.

[135] Lim H J, Wand X C, Crowe P, et al. Targeting the PI3K/PTEN/AKT/mTOR pathway in treatment of sarcoma cell lines [J]. Anticancer Research, 2016, 36(11)：5765-5771.

[136] Oh K J, Han H S, Kim M J, et al. Transcriptional regulators of hepatic gluconeogenesis [J]. Archives of Pharmacal Research, 2013, 36(2)：189-200.

[137] 任廷远. 花椒麻素对试验大鼠蛋白质合成与分解代谢影响的机制研究[D]. 重庆：西南大学, 2017.

[138] Ren T, Zhu Y, Xia X, et al. Zanthoxylum alkylamides ameliorate protein metabolism disorder in STZ-induced diabetic rats [J]. Journal of Molecular Endocrinology, 2017, 58

（3）：113-125.

[139] 游玉明，周敏，王倩倩，等. 花椒麻素的抗氧化活性［J］. 食品科学，2015，36（13）：27-31.

[140] Artaria C, Maramaldi A G, Bonfigli A, et al. Lifting properties of the alkamide fraction from the fruit husks of Zanthoxylum bungeanum ［J］. International Journal of Cosmetic Science, 2011, 33(4)：328-333.

[141] Chen I S, Chen T L, Chang Y L, et al. Chemical constituents and biological activities of the fruit of Zanthoxylum integrifoliolum ［J］. Journal of Natural Products, 1999, 62(6)：833-837.

[142] 聂霄艳，邓永学，王进军，等. 花椒精油和麻素对赤拟谷盗成虫的控制作用［J］. 中国粮油学报，2008，23（4）：185-188.

[143] Navarrete A, Hong E. Anthelmintic properties of alpha-sanshool from Zanthoxylum liebmannianum［J］. Planta Medica, 1996, 62(3)：250-251.

[144] Navarrete A. Anthelmintic properties of α-anshool from Zanthoxylum libmannianum ［J］. Plnata Medica, 1996, 62(3)：250-251.

[145] 丁耐克. 食品风味化学［M］. 北京：中国轻工业出版社，1996.

[146] 付陈梅. 花椒麻味物质的检测方法研究［D］. 重庆：西南大学，2004.

[147] 付陈梅，阚建全，刘雄，等. 紫外分光光度计法测花椒油中酰胺类物质含量［J］. 中国食品添加剂，2004（6）：100-102.

[148] 刘娜，郝学财，邢海鹏. 不同贮存条件对花椒油麻味成分分析测定的影响［C］//第七届中国香料香精学术研讨会论文集，2008.

[149] 余晓琴. 花椒品质评价方法及其应用研究［D］. 重庆：西南大学，2010.

[150] 祝诗平，王刚，杨飞，等. 基于近红外光谱的花椒麻味物质快速检测方法［J］. 红外与毫米波学报，2008，27（2）：129-132.

[151] 李孟楼，李菲菲，聂勋良. 一种花椒麻味物质含量快速检测方法［P］. 中国专利：201210410462.1，2013-03-06.

[152] 李菲菲，李孟楼，崔俊. 花椒麻味素（酰胺类）含量的常规检测［J］. 林业科学，2014，50（5）：121-126.

[153] Kim T H, Kim T H, Shin J H, et al. Characteristics of aroma-active compounds in the pectin-elicited suspension culture of Zanthoxylum piperitum（prickly ash）［J］. Biotechnology Letters, 2002, 24(7)：551-556.

[154] Yang X. Aroma constituents and alkylamides of red and green huajiao（Zanthoxylum bungeanum and Zanthoxylum schinifolium）［J］. Journal of Agricultural & Food Chemistry, 2008, 56(5)：1689-1696.

[155] 陈海涛，孙丰义，王丹，等. 梯度稀释法结合气相色谱-嗅闻-质谱联用仪鉴定炸花椒油中关键性香气活性化合物［J］. 食品与发酵工业，2017（3）：191-198.

［156］谭文长, 谭学仕. 嗅觉模型的理论研究［J］. 生物医学工程研究, 1997(4)：1-5.

［157］感官分析-椒麻度评价-科维尔指数法：GB/T 38495—2020［S］.

［158］郭伟珍, 赵京献, 李军集. 花椒产品质量分级标准研究［J］. 林业科技, 2020, 45
　　　(5)：45-48.

［159］冯世静. 花椒遗传结构及系统发育的研究［D］. 杨凌：西北农林科技大学, 2017.

［160］侯娜. 花椒多层次种质资源遗传变异分析［D］. 杨凌：西北农林科技大学, 2019.

［161］宋琴芝. 四川省及重庆市花椒属(Zanthoxylum L.)亲缘关系研究［D］. 重庆：西南大
　　　学, 2007.

［162］邓洪平, 徐洁, 陈锋, 等. 九叶青花椒遗传多样性的形态与分子鉴定［J］. 西北植物学
　　　报, 2008(10)：2103-2109.

［163］李庆芝, 刘振伟, 毕于义, 等. 采用 RAPD 技术探讨花椒的遗传多样性及其与环境的
　　　关系［J］. 植物生理学通讯, 2009, 45(9)：865-868.

［164］汉素珍, 王有科, 李明, 等. 花椒 ISSR-PCR 反应体系的建立与优化［J］. 生物学杂
　　　志, 2011, 28(5)：30-33,5.

［165］王福, 闫珂巍, 潘欢欢, 等. 花椒及其混伪品 ITS2 序列二级结构比较与鉴别研究
　　　［J］. 时珍国医国药, 2015, 26(8)：1936-1937.

［166］刘建业, 王丹丹, 张福生. 基于 rDNA ITS 序列 SNP 位点的特异性聚合酶链反应引
　　　物鉴别青椒和花椒［J］. 中国药物与临床, 2017, 17(6)：781-784.

［167］王炯, 龚桂芝, 彭祝春, 等. 基于 COS Marker 分析柑橘属及其近缘、远缘属植物的
　　　遗传与进化［J］. 中国农业科学, 2017, 50(2)：320-331.

［168］李立新, 杨途熙, 魏安智, 等. 基于 SRAP 标记的花椒种质资源遗传多样性及群体
　　　结构分析［J］. 华北农学报, 2016, 31(5)：122-128.

［169］邓阳川, 向丽, 苏燕燕, 等. 基于转录组测序的花椒属物种 EST-SSR 标记开发［J］.
　　　西北农林科技大学学报(自然科学版), 2019, 47(4)：16-24,31.

［170］原洪, 柴丽琴, 权俐, 等. 酶法制备花椒籽蛋白铁结合肽的工艺优化［J］. 食品与机
　　　械, 2017, 33(10)：163-168,173.

［171］伍俊梅, 易宇文, 彭毅秦, 等. 茂县花椒叶化学成分及抗氧化活性研究［J］. 中国食
　　　品添加剂, 2018(8)：61-69.

［172］寇明钰. 花椒籽蛋白质分离提取及功能性质的研究［D］. 重庆：西南大学, 2006.

［173］宋燕. 花椒籽膳食纤维、蛋白质的分离提取及抗氧化肽的制备研究［D］. 成都：四川
　　　农业大学, 2012.

［174］庄世宏. 花椒精油提取及其生物活性测定研究［D］. 杨凌：西北农林科技大学,
　　　2002.

［175］刘丽娟, 陈敏, 杜健. 循环超声法提取花椒油树脂［J］. 北京林业大学学报, 2009,
　　　31(2)：133-139.

［176］张华, 叶萌. 青花椒的分类地位及成分研究现状［J］. 北方园艺, 2010(14)：199-

203.

[177] 侯娜, 赵莉莉, 魏安智,等. 不同种质花椒氨基酸组成及营养价值评价[J]. 食品科学, 2017, 38(18):113-118.

[178] 刘锁兰, 高从元. 青花椒化学成分的研究[J]. 药学学报, 1991, 26(11):5.

[179] 石雪萍, 张宇思. 酸性染料比色法测定花椒总生物碱的含量[J]. 中国野生植物资源, 2008, 27(6):3.

[180] Chen I S, Lin Y C, Tsai I L,et al. Coumarins and anti-platelet aggregation constituents from Zanthoxylum schinifolium[J]. Phytochemistry, 1995,39(5):1091-1097.

[181] 李航, 李鹏, 朱龙社,等. 竹叶椒的化学成分研究[J].中国药房, 2006, 17(13):3.

[182] 吴亮亮, 石雪萍, 张卫明. 花椒总黄酮提取技术研究及黄酮成分分析[J].食品研究与开发, 2011, 32(2):5.

[183] 刘海英, 仇农学, 姚瑞祺,等. 我国86种药食两用植物的抗氧化活性及其与总酚的相关性分析[J]. 西北农林科技大学学报(自然科学版), 2009, 37(2):8.

[184] 张艳军. 花椒黄酮和多酚含量及抗氧化活性研究[D].杨凌:西北农林科技大学, 2013.

[185] 彭惠蓉, 黄丽华, 陈训. 顶坛花椒幼嫩茎叶必需氨基酸质量评价[J].贵州科学, 2011, 29(4):3.

[186] 杨立琛, 李荣, 姜子涛. 花椒黄酮的微波提取及抗氧化活性研究[J].食品科技, 2012(11):6.

[187] 李君珂, 刘森轩, 刘世欣,等. 花椒叶多酚提取物对白鲢咸鱼脂肪氧化及脂肪酸组成的影响[J]. 食品工业科技, 2015, 36(15):5.

[188] 范菁华, 徐怀德, 李钰金,等. 超声波辅助提取花椒叶总黄酮及其体外抗氧化性研究[J]. 中国食品学报, 2010,(6):7.

[189] Yang Li Chen. Identification and Quantification of Flavonoids in Leaves of Zanthoxylum bungeanum Extracted by Microwave-assisted Method[D]. Tianjin:Tianjin University of Commerce, 2013.

[190] F He, Li D, Wang D, et al. Extraction and Purification of Quercitrin, Hyperoside, Rutin, and Afzelin from Zanthoxylum Bungeanum Maxim Leaves Using an Aqueous Two-Phase System[J]. Journal of Food Science, 2016, 81(7-9):C1593-C1602.

[191] Feng S, Liu Z, Cheng J, et al. Zanthoxylum-specific whole genome duplication and recent activity of transposable elements in the highly repetitive paleotetraploid Z. bungeanum genome[J]. 园艺研究(英文), 2021, 8(1):15.

[192] 李立新, 司守霞, 魏安智,等. 基于花椒转录组序列SSR分子标记开发及花椒种质鉴定[J]. 华北农学报, 2017, 32(5):9.

[193] 蒋弘刚. 花椒皮刺分化转录组测序及数据分析[D].杨凌:西北农林科技大学, 2014.

[194] 侯丽秀, 魏安智, 王丽华, 等. 花椒转录组 SSR 信息分析及其分子标记开发[J]. 农业生物技术学报, 2018, 26(7):11.

[195] 吴照晨. ZbFAD2 与 ZbFAD3 基因在花椒麻味素合成途径中的功能初步研究[D]. 杨凌: 西北农林科技大学, 2020.

[196] 杨青青, 王智荣, 彭林, 等. 基于代谢组学分析两种产地青花椒中非挥发性成分的差异[J]. 食品与发酵工业, 2021, 47(12):8.

[197] Fei X, Qi Y, Lei Y, et al. Transcriptome and Metabolome Dynamics Explain Aroma Differences between Green and Red Prickly Ash Fruit[J]. Foods, 2021, 10(2):391.

[198] 杜毓龙, 孙智辉. 气象与农业技术[M]. 北京: 科学技术文献出版社, 2003.

[199] 李小卫, 贺文丽, 张西玲. 韩城大红袍花椒冻害分析及预防[J]. 陕西气象, 2005(6):30-32.

[200] 梁美, 陈应福, 王纪辉, 等. 贵州青花椒优质良种黔椒 4 号[J]. 四川农业科技, 2017, (12):12.

[201] 肖正春, 张卫明. 花椒的主要品种及其开发利用[J]. 中国野生植物资源, 2016, 35(1):60-63.

[202] 负耀德. 花椒短枝型新品种——秦安一号[J]. 林业科技通讯, 1994(9):14-15.

[203] 王勃, 郭立新, 杨建雷, 等. 花椒无刺化栽培及其技术要点[J]. 中国林副特产, 2020, 169(6):37-39.

[204] 杨建雷, 王洪建. 陇南花椒丰产栽培及主要病虫害防治技术[M]. 兰州: 甘肃科学技术出版社, 2015.

[205] 朱德琴, 杨建雷, 尚贤毅, 等. 花椒无刺品种选育的意义及选育方法探讨[J]. 林业科技通讯, 2017, (4):46-47.

[206] 原双进, 张振南, 等. 花椒良种选育研究[J]. 西北林学院学报, 2006, 21(2):84-86.

[207] 吕玉奎, 蒋成宜, 杨文英, 等. 荣昌无刺花椒优良品种选育报告[J]. 林业科技, 2017, 42(2):18-21.

[208] 王景燕, 龚伟, 肖千文, 等. 无刺花椒新品种"汉源无刺花椒"[J]. 园艺学报, 2016, 43(2):405-406.

[209] 杨建雷. 花椒嫁接技术研究[J]. 经济林研究, 2016, 34(4):138-143.

[210] 李春林, 张丽芳. 花椒新品种林州红选育及栽培[J]. 中国果菜, 2010(3):15.

[211] 屠玉麟, 韦昌盛, 左祖伦, 等. 花椒属一新变种——顶坛花椒及其品种的分类研究[J]. 贵州科学, 2001, 19(1):77-80.

[212] 马超, 孟付红, 辛国, 等. 金奎一串红无刺花椒优质丰产栽培技术[J]. 西北园艺, 2022(1):33-35.

[213] 蒋德惠, 李正银, 黄勇. 青花椒良种"鲁青 1 号"的选育及栽培技术[J]. 温带林业研究, 2019, 2(4):54-57.

[214] 王纪辉, 梁美, 侯娜. 青花椒良种黔椒 2 号的选育及栽培技术[J]. 南方农业学报,

2018(49):1383-1388.

[215] 翟军哲.花椒播种育苗技术[J].西北园艺(综合),2018(6):49-51.

[216] 贾天民.花椒苗木培育及丰产栽培技术[J].林业科技通讯,2018(10):59-62.

[217] 罗永明,梁龙赵,罗桂莲.花椒栽培技术及病虫害防治[J].农业工程技术,2016,36
(5):59.

[218] 赵京献,毕君,王春荣,等.日本无刺花椒新品种引种观察[J].山西果树,2006,114
(6):36-37.

[219] 王春荣,王鹏飞,王超,等.涉县花椒主要品种资源调查[J].河北林业科技,2006,
(2):27-28.

[220] 陈丽丽,党国刚,王晓华,等.花椒采摘及采后椒园管理技术[J].防护林科技,2021,
213(6):84-85.

[221] 杨途熙,魏安智.花椒优质丰产配套技术[M].北京:中国农业出版社,2018.

[222] 张琴.花椒高产栽培管理技术[J].绿色科技,2016(23):56-57.

[223] 王正周.浅谈花椒园管理技术[J].新农村,2017(36):60.

[224] 郭小峰.花椒育苗栽培管理技术及实际运用[J].农家参谋,2018(19):52.

[225] 周波珍.花椒育苗及栽培管理技术[J].现代园艺,2018(18):43.

[226] 董芳.花椒的栽培与管理技术[J].农民致富之友,2018(17):7.

[227] 杨冰.花椒的栽培管理技术特点[J].农业开发与装备,2017(12):159.

[228] 吴海云.花椒高产栽培及病虫害防治技术[J].南方农业,2021,15(18):49-50.

[229] 朱明.花椒高产栽培及病虫害防治技术要点[J].南方农业,2016,19(10):41-42.

[230] 常国晋.花椒高产栽培及病虫害防治技术分析[J].农业技术与装备,2015(9):72-
73.

[231] 杨立春.花椒高产栽培管理技术与病虫害防治[J].北京农业,2013(18):31.

[232] 刘新莹.花椒芽菜栽培技术与病虫害防治[J].安徽农学通报,2013,19(20):54,63.

[233] 周庆椿,薛有锋.九叶青花椒栽培技术和病虫害防治[J].植物医生,2009,22(4):
26-27.

[234] 丁春梅,杨云亮,衡雪梅,等.花椒高产栽培与病虫害防治技术[J].河南农业,2009,
(10):52-53.

[235] 李彩玉,牛晓庆,梁彦伟.花椒新品种"早红椒"的选育与栽植技术[J].2021,49(6):
56-58.

[236] 赵水慧,张向阳.花椒育苗技术[J].西北园艺,2021,11:31-33.

[237] 张嘉宁,许敏.花椒整形修剪实用技术[J].现代农业,2018(3):88-89.

[238] 崇兴花.花椒育苗及栽培技术要点探析[J].农家参谋,2020(4):109.

[239] 白才.花椒种植培育及主要病虫害防治研究[J].农家参谋,2020(1):85.

[240] 李瑛.浅谈花椒栽培技术及病虫害防治[J].种子科技,2019,37(13):123-124.

[241] 周鹏程.无刺花椒的嫁接繁育与丰产栽培管理措施[J].特种经济动植物,2020

（2）：24-27.

［242］党国刚,郭军成,庄丽娟,等.无刺花椒嫁接育苗技术［J］.防护林科技,2020,206（11）：86-87.

［243］李秀霞.无刺梅花椒栽培技术［J］.园林园艺,2021,629（24）：92-94.

［244］毛云玲,张雨,郭永清,等.竹叶花椒"云林 1 号""云林 2 号"无性系选育与栽培研究［J］.西部林业科学,2021,50（1）：132-137.

［245］王瑞.花椒害虫［M］.太原：山西科学技术出版社,1999.

［246］门甜甜,李孟楼.我国的花椒害虫及防治［J］.农业网络信息,2006（3）：108-112.

［247］张小娣,乔鲁芹,周成刚,等.花椒害虫种类调查研究［J］.山东林业科技,1995,（2）：22-27.

［248］王秋香,牛瑶.豫北花椒害虫初步调查［J］.河南师范大学学报,1995,24（2）：54-57.

［249］马玉敏,孙海伟,藤兴哲,等.花椒害虫种类调查［J］.河北林业科技,2001（6）：23-26.

［250］李彦东.花椒树主要害虫的发生规律及综合防治［J］.河北林业科技,2006（6）：39-40.

［251］王瑞,曹天文,周维民,等.花椒的主要害虫及防治技术［J］.山西林业科技,2004（1）：20-22.

［252］高焕婷,张国龙.花椒窄吉丁虫的生物学特性及其综合防治措施［J］.陕西农业科学,2007,（2）：183-184.

［253］吴海.花椒窄吉丁的生物学特性及防治［J］.昆虫知识,2006 ,42（3）：236-329.

［254］黄燕丽,李强,李正跃,等.花椒瘿蚊生物学特性及种群动态研究［J］.云南农业大学学报,2006,21（3）：307-310.

［255］王世吉.花椒铜色跳甲的危害及防治［J］.中国农村科技,1999（1）：15-16.

［256］张炳炎,吕和平.铜色花椒跳甲生物学特性及其防治研究［J］.植物保护学报,1989,16（3）：169-174.

［257］胡金玉.花椒凤蝶的生物学特性与防治方法研究［J］.甘肃农业科技,2003（4）：50.

［258］王振功,张保福,羽鹏芳.花椒主要病虫害的防治技术［J］.陕西林业,2002（2）：41.

［259］卞玉全.花椒主要病虫害的发生与防治［J］.四川农业科技,2004（4）：35.

［260］银航,窦雪绒,张云霞,等.花椒属植物育种的研究进展与发展趋势［J］.陕西农业科学,2018,64（9）：95-97.

［261］乔旭.影响花椒树寿命的主要因素及综合治理措施［J］.经济林研究,2010,28（2）：122-125.

［262］赵修复.害虫生物防治［M］.3 版.北京：中国农业出版社,2011.

［263］张云霞,郭少锋,王卫平.韩城大红袍花椒主要病虫害发生繁衍趋势及其原因分析

［J］.陕西林业科技,2010(5):40-41.

[264] 张炳炎.花椒病虫害诊断与防治原色图谱[M].北京：金盾出版社,2006.

[265] 吴宗兴,刘治富,余明忠,等.阿坝州花椒主要病虫害种类及防治技术研究[J].四川林业科技,2003,24(4):58-61.

[266] 何建社,张利,周晶,等.阿坝州花椒主要病虫害及其综合防治技术[J].中国园艺文摘,2016(7):225-226.

[267] 潘会.板贵花椒主要病虫害的发生及防治技术[J].植物医生,2009,22(3):21-22.

[268] 李文娟.彬县花椒病虫害的初步观测防治的探讨[J].农家参谋,2018(24):44.

[269] 郭美丽,刘小兵,刘永红.凤县花椒主要病虫害防治技术[J].陕西林业科技,2016(1):75-77.

[270] 彭兴刚.汉源县花椒主要病虫害及防治措施[J].现代农业科技,2015(23):145-146.

[271] 刘永清,王晓虎,李晋,等.花椒病虫害的防治[J].现代园艺,2014(4):74.

[272] 熊德敏.花椒病虫害种类与防治措施探讨[J].现代园艺,2014(10):60-61.

[273] 张建民,王石磊,刘超.花椒常见病虫害的症状及防治措施[J].现代农业科技,2018,(20):120-125.

[274] 夏祖萍,韦昌盛,胡欣平.花椒常见的病虫害及防治措施分析[J].农业与技术,2018,38(14):66-67.

[275] 陈庆华.花椒高产栽培及病虫害防治技术分析[J].农业开发与装备,2018(9):221-223.

[276] 朱明.花椒高产栽培及病虫害防治技术要点[J].南方农业,2016,10(19):41-42.

[277] 丁春梅,杨云亮,衡雪梅.花椒高产栽培与病虫害防治技术[J].农业科学,2009(20):52-53.

[278] 冯秀藻,陶炳炎.农业气象学原理[M].北京:气象出版社,1991.

[279] 邓振义,孙丙寅,胡甘,等.凤县花椒寒害的调查研究[J].陕西林业科技,2003(3):26-30.

[280] 辛武才,王龙,周根强,等.宜川县花椒冻害及防治措施的研究[J].陕西林业科技,2011(1):11-13,20.